10kV
带电作业用绝缘斗臂车安全操作与保养维修

国网山东省电力公司 编

中国电力出版社
CHINA ELECTRIC POWER PRESS

图书在版编目（CIP）数据

10kV 带电作业用绝缘斗臂车安全操作与保养维修／国网山东省电力公司编. —北京：中国电力出版社，2017.12

ISBN 978-7-5198-1475-5

Ⅰ. ①1… Ⅱ. ①国… Ⅲ. ①绝缘起重机–基本知识 Ⅳ. ①TH21

中国版本图书馆 CIP 数据核字（2017）第 295895 号

出版发行：中国电力出版社
地　　址：北京市东城区北京站西街 19 号（邮政编码 100005）
网　　址：http：//www.cepp.sgcc.com.cn
责任编辑：石　雪　陈柯羽
责任校对：闫秀英
装帧设计：赵丽媛　左　铭
责任印制：单　玲

印　　刷：北京瑞禾彩色印刷有限公司
版　　次：2017 年 12 月第一版
印　　次：2017 年 12 月北京第一次印刷
开　　本：710 毫米×980 毫米　16 开本
印　　张：10.5
字　　数：176 千字
定　　价：55.00 元

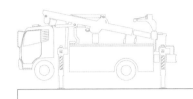

前　言

　　随着我国经济快速发展，社会对电能质量和供电可靠性的要求越来越高。10kV配电线路直接面向用户，是电力系统的关键环节。加强配电线路的不停电作业，是提高设备完好率、供电可靠性和用户满意度的重要手段。使用绝缘斗臂车进行10kV带电作业，具有作业效率高、人身安全防护水平高、可开展复杂带电作业项目等优点，因而在实际操作中得到广泛应用。

　　目前尚无对绝缘斗臂车进行系统介绍的专业书籍，因此，为提高作业人员对绝缘斗臂车的系统认识，帮助作业人员掌握绝缘斗臂车的基本结构与操作方法，同时为绝缘斗臂车日常使用、保养维护和故障检修提供指导，编写组整理大量技术资料，并紧密结合车辆使用人员的现场经验编写了本书。

　　全书共分为五章，主要介绍绝缘斗臂车基础知识、主要结构及工作原理、安全操作、维护保养与试验常见故障分析与处理。编写过程中注重逻辑性和各知识点的综合联系，图文并茂，针对性强，具有很强的实践指导意义。本书可广泛应用于职业技能鉴定、岗位技能培训、现场指导等工作。

　　本书由国网山东省电力公司运维检修部组织编写，国网济南供电公司承担编写工作，并得到了国网山东省电力公司电力科学研究院，国网潍坊、烟台、东营、威海、临沂、青岛、滨州、济宁供电公司等各家单位，以及各绝缘斗臂车生产厂家的大力协助，在此一并表示衷心感谢。

由于编者水平有限，书中难免存在不足之处，恳请各位专家和读者提出宝贵意见。

编　者

2017 年 11 月

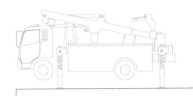

目　录

第一章

绝缘斗臂车基础知识

第一节　绝缘斗臂车现状及发展

随着国民经济持续快速发展，工业化进程不断加快，目前，带电作业已成为电气设备运行维护工作中不可或缺的检修手段。

10kV 配电网是电力系统中的重要组成部分，是直接面向用户的电力基础设施，具有接入用户数量大、设备数量多、覆盖面广、网架结构复杂多变等特点。随着我国城镇化的快速发展，电力用户对电能的需求量越来越大，对供电可靠性的要求也越来越高。10kV 带电作业将电气设备传统的停电检修方式，转变为在设备不停电状态下的带电检修或消缺，减少了故障和计划停电时间，提高了供电可靠性，提升了供电服务品质，为电网安全可靠运行提供了有力支撑。随着"能带电，不停电"的检修理念深入人心，以及配网建设水平的不断提升，带电作业将在未来 10kV 配网检修消缺、改造安装、调试测量等方面发挥更大的作用。

在最初的 10kV 带电作业工作中，一般采用登杆使用绝缘操作杆，或者使用绝缘平台作为承载工具进行，作业时受交通、地形等环境条件影响较小，但是机动性、便利性差，空中作业范围小，而且杆上带电作业人员劳动强度大，工作效率较低，可开展带电作业项目单一。随着聚四氟乙烯、玻璃纤维等新型绝缘材料，以及液压控制、计算机控制等新技术在带电作业领域的应用与发展，10kV 带电作业用绝缘斗臂车应运而生。

绝缘斗臂车是在带电作业中用来把操作人员和设备送到指定位置的有绝缘斗臂的高空作业装置。它通常安装在带底盘的机动车上，其工作斗、工作臂、控制油路和线路、斗臂结合部都具有一定的绝缘性能。绝缘斗臂车的绝缘臂具有质量轻、机械强度高、绝缘性能好、憎水性强等特点，在带电作业时为人体提供相与地之间的主绝缘防护。绝缘斗也具有较高的电气绝缘强度，与绝缘臂一起组成相与地之间的纵向绝缘。绝缘斗臂车不仅减轻了作业人员的劳动强度，增强了人身安全防护水平，而且具有升空便利、机动性强、应用范围广、可开展复杂带电作业项目等优点，因而在10kV带电作业工作中得到广泛应用。

北美地区的绝缘斗臂车技术较先进。美国早在20世纪20年代就开始在配电线路上用木质平台进行带电作业。直到20世纪50年代，随着环氧玻璃纤维这一新型绝缘材料的问世，绝缘斗臂车被成功研发，并应用到带电作业领域。美国的绝缘斗臂车以混合式、折叠臂式为主，作业高度大多在40m以下。美国绝缘斗臂车制造商以ALTEC、TEREX、TIME为代表，占据大部分国际市场份额。

日本的绝缘斗臂车大多以伸缩臂为主，在人性化设计和电脑自动化控制方面独具特色，外形设计自成一体，采用作业平台前置形式，体积小，机动性好。日本制造商以AICHI、TADANO为代表，韩国也有部分制造厂商，如SOOSAN、DONGHAE等，产量较小，多数为仿制日本车型。

我国的绝缘斗臂车制造技术起步较晚。1965年6月，为保障天安门广场及东西长安街方便、可靠安装新型路灯，北京供电局成功研制我国第一台绝缘斗臂车，可升高19m，并成功应用于10kV架空线路带电接引线作业。目前，我国绝缘斗臂车上装主要靠引进、吸收美国和日本的绝缘技术，匹配国产底盘。随着微处理控制、现场总线控制、传感器技术等高科技技术的使用，我国的绝缘斗臂车控制系统不断向智能化方向发展。同时，随着人机工程学的发展与运用，作业人员操作的舒适性进一步提升，安全检测装置更加齐全。

第二节　绝缘斗臂车类型

10kV带电作业用绝缘斗臂车种类繁多，一般可按照伸展结构、功能配置、作业高度进行分类。

一、按伸展结构分类

绝缘斗臂车按照绝缘臂的伸展结构，可分为伸缩臂式、折叠臂式和混合式三种类型。

1. 伸缩臂式

伸缩臂式绝缘斗臂车的绝缘臂只能进行伸缩，是单臂绝缘的斗臂车，如图1-1所示。这种绝缘斗臂车操作简单直观，结构紧凑，动作灵活快捷，绝缘臂回转时占用空间小，但是其内部结构较复杂，跨越障碍能力相对较差。

伸缩臂式绝缘斗臂车的伸展结构如图1-2所示。

图 1-1 伸缩臂式绝缘斗臂车

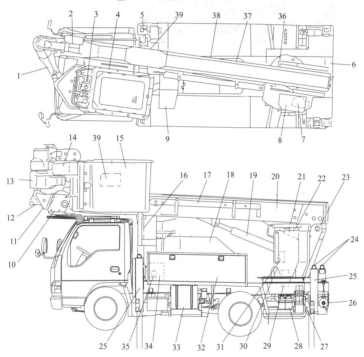

图 1-2 伸缩臂式绝缘斗臂车结构示意图

1—转臂；2—小吊装置；3—上部操作装置；4—工作斗内衬；5—工作灯；6—支腿操作装置；7—回转减速器（防护罩内）；8—下部操作装置；9—上下踏板；10—第 2 节工作臂；11—第 3 节工作臂；12—工作斗平衡油缸（上部）；13—转臂回转装置；14—工作斗摆动装置；15—工作斗；16—工作臂托架；17—副臂；18—低噪声动力装置（特殊规格）；19—升降油缸；20—第 1 节工作臂；21—工作斗平衡油缸（下部）；22—负荷率指示灯；23—转台；24—支腿闪烁指示灯；25—支腿；26—接地线卷盘；27—垂直支腿垫板；28—三角挡块；29—回转接头；30—回转支撑（罩壳内）；31 工作斗平衡换向阀（罩壳内）；32—工具箱；33—工作油箱；34—电瓶充电器及备用电瓶（工具箱内）；35—保险丝箱（工具箱内）；36—产品标牌；37—产品型号；38—制造厂家；39—产品商标

3

2. 折叠臂式

折叠臂式绝缘斗臂车的绝缘臂分上下臂两部分，均为绝缘臂，之间可进行相对折叠运动，如图1-3所示，下臂绝缘可以在多层线路作业时起到保护作用。这种绝缘斗臂车结构比较简单，跨越障碍能力强，但是绝缘臂回转时占用空间大，且动作略显不灵活。

图1-3 折叠臂式绝缘斗臂车

折叠臂式绝缘斗臂车的伸展结构如图1-4所示。

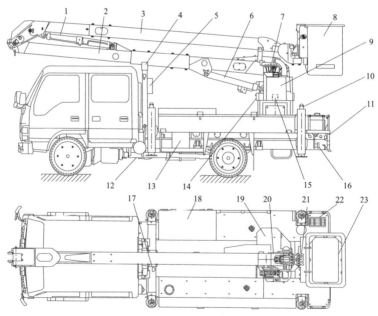

图1-4 折叠臂式绝缘斗臂车结构示意图

1—上臂油缸；2—下臂；3—上臂；4—工作臂托架；5—熔断器箱；6—下臂油缸；7—下部操作装置；8—工作斗；9—转台；10—示宽灯；11—支腿操作装置；12—取力装置；13—液压油箱；14—回转支撑；15—中心回转接头；16—接地滚筒；17—工作灯；18—工具箱；19—回转减速机；20—产品标牌（转台右侧）；21—上部操作装置；22—垫板；23—工作斗内衬

3. 混合式

混合式绝缘斗臂车的绝缘臂分上下臂两部分，均为绝缘臂，之间既可以进行折叠运动，也可以进行伸缩运动，如图 1-5 所示，下臂绝缘可以在多层线路作业时起到保护作用。这种绝缘斗臂车操作较简单直观，跨越障碍能力很强，但是绝缘臂回转时占用空间较大。

图 1-5　混合式绝缘斗臂车

混合式绝缘斗臂车的伸展结构如图 1-6 所示。

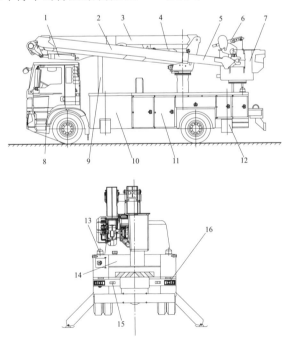

图 1-6　混合式绝缘斗臂车结构示意图

1—上臂油缸；2—下臂；3—上臂；4—下臂油缸；5—伸缩臂；6—小吊臂；7—工作斗；8—底盘；
9—工作臂托架；10—侧防护；11—工具箱；12—支腿；13—警示灯；14—液压油箱；15—支腿操
作开关；16—组合灯

二、按功能配置分类

绝缘斗臂车按功能配置可分为基本型和扩展型。基本型为斗臂车需要具备的最基本功能；扩展型为斗臂车满足基本功能后，为提高整车性能，而增加的功能配置。扩展型车辆应具备尽可能多的功能配置。

不同类型绝缘斗臂车的功能配置比较如表1-1所示。

表1-1 不同类型绝缘斗臂车的功能配置比较

序号	配　置　要　求	基本型	扩展型
1	支腿着地检测装置	●	●
2	臂架材质增强型玻璃纤维（FRP）绝缘材料	●	●
3	支腿型式H型或A型支腿	●	●
4	液压调平或机械调平	●	●
5	单独可调支腿操控装置	●	●
6	车体接地装置	●	●
7	支腿水平伸出检测装置	○	●
8	进行单边支腿水平伸出作业或任意支腿跨距作业	○	●
9	作业机构速度智能调节	○	●
10	发动机油门自动调节	●	●
11	工作臂自动归位操作	○	●
12	工作臂防干涉装置	○	●
13	防倾翻控制	●	●
14	绝缘斗垂直升降	○	●
15	绝缘斗部超负荷警报	●	●
16	电动力低噪声作业方式	○	●
17	显示车辆实际工况状态（如作业高度、作业幅度、斗负荷等）	○	●
18	斗部具有起吊装置	○	●
19	斗部具有液压工具接口	●	●
20	导航装置	○	●
21	倒车辅助系统	○	●

注　●表示应具备的功能；○表示可具备的功能。

三、按作业高度分类

国内 10kV 带电作业用绝缘斗臂车的作业高度一般为 6、8、10、13、15、17、21、23、25、30m 等。其对应的部分车型如图 1-7~图 1-12 所示。

图 1-7　13m 绝缘斗臂车

图 1-8　15m 绝缘斗臂车

图 1-9　17m 绝缘斗臂车

图 1-10　21m 绝缘斗臂车

图 1-11　25m 绝缘斗臂车

图 1-12　30m 绝缘斗臂车

第三节　绝缘斗臂车常用术语及规格型号

一、常用术语

1. 10kV 带电作业用绝缘斗臂车

具有绝缘高架装置与其运载工具和有关设备，用来提运工作人员和使用器材在 10kV 配电网开展带电作业的特种车辆，简称斗臂车。

2. 高架装置（绝缘斗臂车上装）

具有绝缘斗臂，用于提运工作人员和所用器材到作业位置进行带电作业的装置，其中不包括运载工具，如图 1-13 所示。

图 1-13　高架装置

3. 支腿

高架装置工作中用以支承绝缘斗臂车，保持或增加绝缘斗臂车稳定性的装置，如图 1-14 所示。

4. 防倾翻安全装置

高架装置工作中用以保持绝缘斗臂车稳定性的装置。

5. 绝缘工作斗

高架装置中承载工作人员和所用器材的装置，如图 1-15 所示。

图 1-14 支腿

6. 吊臂

上臂端部的辅助杆件，用以起吊作业用器材，如图 1-16 所示。

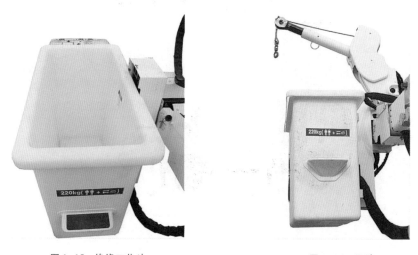

图 1-15 绝缘工作斗   图 1-16 吊臂

7. 最大起升高度

绝缘工作斗位于最高位置，其底面与绝缘斗臂车支承面之间的垂直距离。

8. 最大作业高度

作业人员在最大起升高度位置进行带电作业所能达到的高度，一般取最大起升高度加 1.7m，如图 1-17 所示。

图 1-17　最大起升高度和最大作业高度

9. 最大平台幅度

回转中心轴线与工作平台外边缘的最大水平距离。

10. 最大作业幅度

作业人员在最大平台幅度位置进行安全作业时所能达到的最大水平距离，一般取最大平台幅度加 0.6m，如图 1-18 所示。

11. 额定载荷

在作业允许的工况（由倾覆力矩、强度决定）下，绝缘斗臂车所允许的最大载荷，包括绝缘工作斗额定载荷量和附加额定载荷量。

12. 绝缘工作斗额定载荷量

在作业允许的工况下，绝缘工作斗所允许的最大载荷。

13. 附加额定载荷量

臂架处在规定位置，由吊臂作用在臂架上所允许的最大附加载荷。

图 1-18　最大平台幅度和最大作业幅度

14. 预防性试验

为了发现绝缘斗臂车的隐患，预防发生人身或绝缘斗臂车事故，按规定的试验条件、试验项目、试验周期和试验要求对绝缘斗臂车所进行的检查、试验或检测。

15. 交流耐压试验

对绝缘斗臂车的绝缘部件施加一次相应的额定工频耐受电压（有效值），其持续时间一般为 1min。

16. 泄漏电流试验

检查绝缘斗臂车整车绝缘内部缺陷的一种试验，施加的电压为交流，泄漏电流用毫安表或微安表测量。

二、规格型号

绝缘斗臂车型号由代号、产品参数等组成，下面以一种常见绝缘斗臂车规格型号为例，对产品型号的编制方法加以说明，如图 1-19 所示。

1. 企业代号

国家对国内每个汽车生产企业给定唯一的企业代号，如表 1-2 所示。

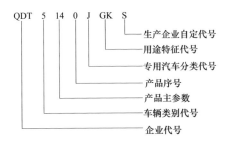

图 1-19　常见绝缘斗臂车规格型号

表 1-2　　　　　　　　企 业 代 号

企业代号	生 产 厂 家
QDT	青岛中汽特种汽车有限公司
XHZ	徐州海伦哲专用车辆有限公司
HYL	杭州爱知工程车辆有限公司

2. 车辆类别代号

专用汽车类别代号为 5。

3. 产品主参数

专用汽车的产品主参数为车辆总质量，例如，该车辆的总质量为 13.5～14.5t，因此主要参数为 14。

4. 产品序号

第一次设计，序号为 0，第一次改型，序号为 1，依次类推。

5. 专用汽车分类代号

J 表示起重举升类汽车。

6. 用途特征代号

GK 表示高空。

7. 生产企业自定代号

由企业根据自身情况确定，以青岛中汽特种汽车有限公司为例，S 定义为重汽底盘，J 定义为五十铃底盘，E 是东风底盘等。

第二章

绝缘斗臂车的主要结构及工作原理

　　绝缘斗臂车主要采用已经定型的汽车二类底盘、履带式底盘或者整车进行改装而成，通常由底盘、机械系统、动力系统、工作系统、控制系统和安全装置六部分组成，如图 2-1 所示。

图 2-1　绝缘斗臂车构成示意图

　　绝缘斗臂车的后部安装活动转台和液压斗臂装置，臂采用伸缩、折叠或混合机构，前端带方形或圆形绝缘斗。整个斗臂装置安装在一个转盘上，可以360°旋转。其工作原理如图2-2所示。

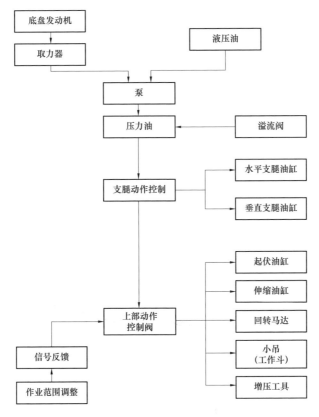

图2-2　绝缘斗臂车工作原理图

第一节　底　　盘

　　底盘是绝缘斗臂车的行走机构，同时也是上部作业机构的支撑部分，通常由传动系、行驶系、转向系和制动系四部分组成，这些组成共同支承和安装绝缘斗臂车各个部分、总成，形成车辆的整体造型，保证正常行驶功能。

　　（1）传动系：将发动机的动力传给驱动轮。主要包括离合器、变速器、传动轴、驱动桥。

　　（2）行驶系：将汽车各总成及部件连成一个整体并对全车起支撑作用，保证汽车正常行驶。主要包括车架、悬架、车轴、车轮。

（3）转向系：保证汽车在行驶过程中按照驾驶员选择的方向行驶。主要包括转向操纵机构、转向器、转向传动装置。

（4）制动系：使汽车减速、停车和保证汽车可靠停驻。主要包括制动操纵机构、制动器、传动装置。

绝缘斗臂车底盘的改装必须严格遵守汽车改装技术标准的要求，不得更改汽车底盘的发动机、传动系、行驶系、转向系、制动系等关键总成。

目前绝缘斗臂车底盘主要分为轮式底盘和履带式底盘两种，如图2-3所示。轮式底盘行动灵活，运行速度快，但通过性差，对地形适应能力低。履带式底盘通过性好，对地形适应能力强，可原地转弯。目前采用履带式底盘的绝缘斗臂车一般为自行走式，在空间狭小的城市道路中作业优势明显，但该类车辆运行速度低，后勤依赖较大，一般需配套拖车将其运输到作业地点附近使用。

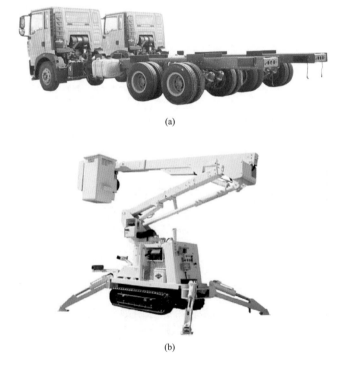

(a)

(b)

图2-3　绝缘斗臂车底盘

（a）轮式底盘；（b）履带式底盘

第二节　机　械　系　统

绝缘斗臂车的机械系统通常由副车架、车载工具箱、支腿结构、转台结构、臂架结构、平台结构等组成。机械结构是绝缘斗臂车的骨架，承受绝缘斗臂车的自重以及作业时的各种外载荷。

一、副车架

副车架将上部作业装置与底盘牢固连接在一起，可以将上装的重量均匀传递给底盘，从而有效防止主车架应力集中而损坏，因此副车架应具有足够的强度和刚度，保证行车时连接牢固，作业时基础稳固。副车架的结构型式通常包括两种：一种是封闭箱型结构；一种类似汽车底盘大梁的双纵梁型式，采用两根槽钢作为纵梁，两根纵梁之间用横梁连接，如图 2-4 所示。

(a)

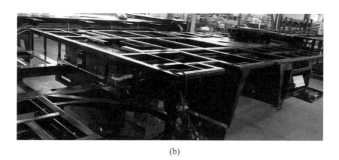

(b)

图 2-4　绝缘斗臂车副车架

（a）副车架三维示意图；（b）副车架实物图

二、车载工具箱

绝缘斗臂车的车载工具箱通常设计在车体两侧，用于存放各种绝缘工具以及其他专用工具，如图 2-5 所示。

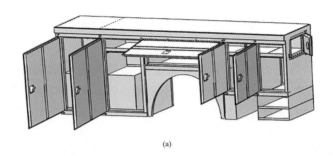

(a)

(b)

图 2-5　绝缘斗臂车车载工具箱

（a）车载工具箱三维示意图；（b）车载工具箱实物图

三、支腿结构

支腿是大多数绝缘斗臂车所必备的工作装置，主要分为手动和液压操纵两类，目前手动操纵的支腿已不多见，大多均已采用液压支腿。这类装置是利用汽车底盘发动机取出的动力来驱动液压泵，通过控制阀把液压泵产生的液压油供给液压支腿的油缸，通过支腿油缸的伸缩来实现支腿的伸缩动作，每个支腿可以单独伸出或者收缩。即使在不平整或者倾斜的地面上，也可以结合坡度指示器，通过调整支腿的伸缩将整车调整到水平状态，确保整车无倾覆危险。

一般车型在副车架前后两端设有支腿结构，少部分车型不设置支腿或仅有后支腿，使用底盘轮胎支撑，如图 2-6 所示。

绝缘斗臂车的支腿类型通常有 A 型支腿、H 型支腿、蛙型支腿、蜘蛛型支腿、X 型支腿等形式。

图 2-6 无支腿绝缘斗臂车

1. A 型支腿

A 型支腿是一种可延伸支腿，具有两个液压缸，拥有两个顶部相互连接的斜构件，其中间位置由一根横梁结合，像一块 A 型板。此支腿每侧都有一个液压缸，支腿伸展后整体呈现 A 型，如图 2-7 所示。其特点是支腿跨度较大，对环境和地面适应性好，占用空间相对较小，稳定性好，易于调平，已在斗臂车上广泛应用。

图 2-7 A 型支腿结构

2. H型支腿

H型支腿是一种拥有独立控制水平和垂直延伸功能的支腿。每一支腿有两个液压缸，包括一个水平（或略带倾斜）和一个垂直的支承液压缸，支腿外伸后呈H型，如图2-8所示。为保证足够的外伸距离，部分车型同排两侧支腿安装位置互有错位。

H型支腿外伸距离大，对地面适应性好，易于调平，被广泛应用在斗臂车、起重机等特种车辆上。但H型支腿垂直方向占用空间大，在狭小空间里作业难度大，同时支腿必须与横梁固接，以保证支腿结构体系的稳定。

图2-8　H型支腿

3. 蛙型支腿

蛙型支腿的活动支腿铰接在固定支腿上，其展开动作由液压缸完成，如图2-9所示。支腿的运动轨迹，除垂直位移外，在接地时还有水平位移。这水平位移引起摩擦阻力，增大了液压缸的推动力。蛙式支腿结构简单，液压缸数量少，但支腿摇臂尺寸有限，因而支腿跨距受限。

图 2-9　蛙型支腿

4. 蜘蛛型支腿

蜘蛛型支腿因四条支腿放置于地面形似蜘蛛腿而得名，如图 2-10 所示。该类型支腿结构紧凑，操作方便，收起时占用空间小，而且对地形适应能力强。

图 2-10　蜘蛛型支腿结构

5. X 型支腿

X 型支腿工作时呈 X 型,如图 2-11 所示。支腿稳定性好,油缸负荷大,缸径较粗,但是支腿离地间隙小,脚板着地后有水平位移。目前此类支腿在绝缘斗臂车中使用很少。

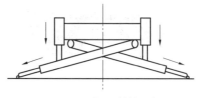

图 2-11　X 型支腿结构示意图

四、转台结构

转台结构固定在回转机构上,在回转机构的驱动下实现臂架结构和平台结构的 360° 回转功能,如图 2-12 所示。

图 2-12　转台结构图

五、臂架结构

绝缘斗臂车的臂架结构通常称为绝缘臂。绝缘臂采用玻璃纤维增强型环氧树脂材料制成,绕制成圆柱形或矩形截面结构,具有质量轻、机械强度高、电气性能好、憎水性强等优点。常见的臂架结构包括伸缩臂、折叠臂、混合臂等,如图 2-13～图 2-15 所示。部分臂架具有超越中心功能,即以水平面为基准,下部绝缘臂起升角度超过 90 度,如图 2-16 所示。

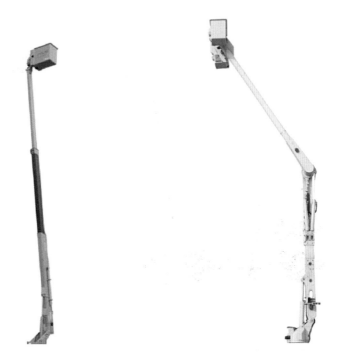

图 2-13　伸缩臂臂架结构

图 2-14　折叠臂臂架结构

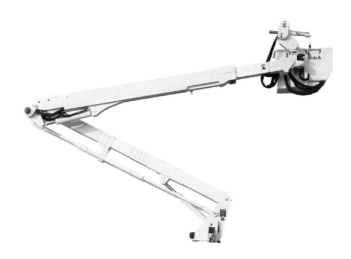

图 2-15　混合臂臂架结构

图 2-16 超越中心臂架结构

绝缘臂的设计应该遵循以下几个设计原则：

（1）主绝缘臂应安装在最接近绝缘工作斗的臂上，绝缘臂的表面应平整、光洁，无凹坑、麻面现象。

（2）伸缩式绝缘斗臂车应具有绝缘臂防磨损装置。

（3）折叠式绝缘斗臂车应设置臂收放托架、臂绑带，防止车辆行驶时震动引起的损坏。

（4）绝缘外层表面应涂有不影响绝缘性能的防潮漆；绝缘臂内层表面应有憎水措施。

（5）用于 10kV 等级的绝缘斗臂车绝缘臂最小有效绝缘长度不少于 1.0m。

六、平台结构

绝缘斗臂车的平台结构又称绝缘工作斗，绝缘工作斗按数量通常可以分为单斗和双斗，如图 2-17 所示。

绝缘工作斗所用材质及具备功能应符合以下几项要求：

（1）绝缘工作斗通常应由外绝缘工作斗和绝缘工作斗内衬构成。其中，外斗一般为玻璃钢材质，内衬为聚乙烯材质。

（2）绝缘工作斗的表面应平整、光洁，无凹坑、麻面现象，憎水性强。

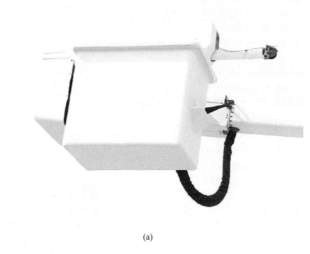

(a)

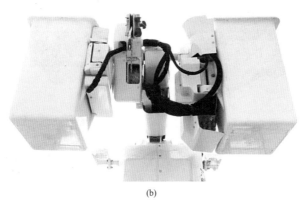

(b)

图 2-17　绝缘工作斗

（a）单斗；（b）双斗

（3）绝缘工作斗应具备自动调整水平功能。

（4）绝缘工作斗应具备积水倾倒功能。

（5）绝缘工作斗在原位时，须能够良好固定，并具备缓冲功能，防止行驶过程中因振动、摇晃、碰撞等造成损坏。

（6）绝缘工作斗部应有挂安全带或绳索的牢固构件。

（7）绝缘工作斗上应醒目地注明绝缘斗臂车额定载荷或承载人数。

（8）绝缘工作斗外部油管常包裹一层防护材料，这类材料未经过工频耐压试验，故进行作业时，应注意避免油管同时接触不同电位的物体，发生短路事故。

第三节 动 力 系 统

一、底盘发动机

底盘发动机为车辆行走提供动力，同时为车辆上部操作的液压部分提供源动力。如图 2-18 所示。

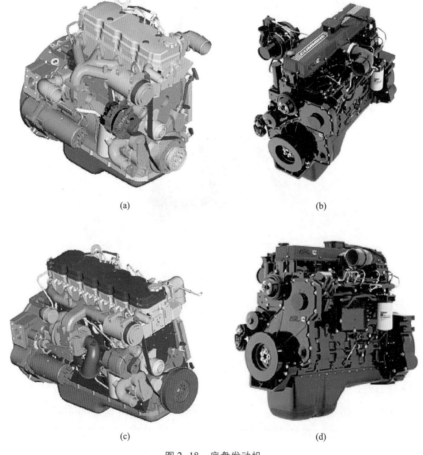

(a)   (b)

(c)   (d)

图 2-18 底盘发动机

(a) 4 缸机三维图；(b) 4 缸机实物图；(c) 6 缸机三维图；(d) 6 缸机实物图

发动机的外特性是表征发动机运行状况的重要指标。柴油发动机的外特性是指当柴油机喷油泵达到最大供油量时的速度特性曲线，通常使用扭矩和功率曲线表示，如图 2-19 所示。

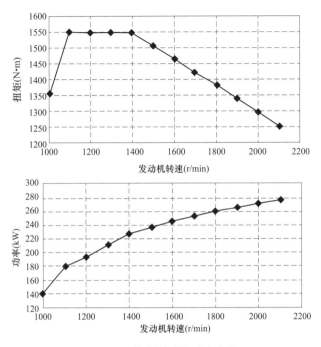

图 2-19 发动机扭矩和功率曲线

扭矩曲线表明，扭矩在较低转速下就能获得最大值，然后随着转速上升而下降。功率曲线与扭矩曲线不同，功率在较低转速下数值很小，但随着转速增加而迅速增长，但转速增加到一定区间后，功率增长速度变缓。

单缸四气阀技术具有优良的特性。发动机采用四缸 16 气门，六缸 24 气门、喷油器居中垂直布置，燃油喷射更均匀，进气量加大，燃烧更充分，表现出响应快等优异的发动机性能，节油效果明显，排放低。其技术示意图如图 2-20 所示。

二、取力装置

取力装置是绝缘斗臂车最重要的组成部分，如图 2-21 所示。其功能是将汽车底盘发动机的动力取出，作为动力源提供给

图 2-20 单缸四气阀技术示意图

上装部分和支腿。其中取力器实物如图 2-22 所示。绝缘斗臂车一般采用变速箱取力，即取力器安装在底盘变速箱专门设计的取力口上，取力器齿轮在工作时与变速箱内相应输出齿轮啮合，从而将动力取出。

推动取力器齿轮啮合或脱开的机构称为取力操纵机构，分为气动操纵和机械操纵两种。取力装置通过传动轴或与液压油泵直接连接方式，将动力转化为液压动力。

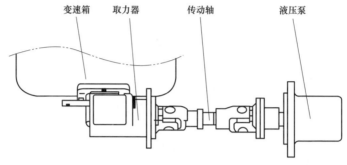

图 2-21　取力装置

图 2-22　取力器

第四节　工　作　系　统

工作系统是为实现绝缘斗臂车运动功能而设定的，通常包括回转机构、伸缩机构、调平机构。部分绝缘斗臂车带有吊运机构和工作斗提升机构。

一、回转机构

绝缘斗臂车的上装部分，相对于车体的旋转运动称为回转，为实现回转而设置的机构称为回转机构，实物如图2-23所示。回转机构由液压马达、回转减速器、回转支承、回转接头、转台等组成，液压马达通过来自液压泵输出的压力油而转动，驱动减速器，减速器将液压马达的速度降低，输出扭矩至小齿轮，小齿轮驱动与之啮合的和车体连为一体的回转支承上的大齿轮，从而使转台转动，如图2-24所示。回转接头的作用是传递液压动力及电控制信号，防止液压管线及电线缠绕扭结。

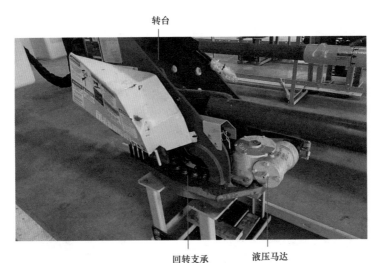

图2-23　回转机构实物图

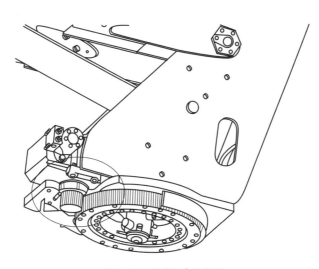

图2-24　轮齿啮合示意图

二、伸缩机构

伸缩机构是为实现臂架的伸缩，从而达到需求的臂架长度而设置的，一般包括伸缩油缸、伸缩臂架、伸缩链条（或伸缩钢丝绳）。目前伸缩机构主要应用于伸缩臂式绝缘斗臂车，其伸缩机构由多节伸缩臂组成。

三、调平机构

调平机构的作用是保证工作臂变幅时，平台始终保持水平，以实现作业人员平稳站立。绝缘斗臂车通常采用三种平衡调整方式，即机械调平、液压调平、电液调平。

（一）机械调平

绝缘斗臂车的机械调平方式是通过在转台和工作斗之间设置链条、钢缆等，利用其对工作斗的拉力始终保持工作斗底部水平。一种工作臂的平衡钢缆如图 2-25 所示。

图 2-25　一种工作臂的平衡钢缆

机械调平具有结构简单、可靠性高的优点，但是其调平机构尺寸较大，占用空间，一般用于折叠臂臂架结构，如图 2-26 所示。

（二）液压调平

液压调平方式是在转台与工作臂、绝缘斗与工作臂之间分别设置一个液压油缸，两油缸大腔与大腔相连通，小腔与小腔相连通，组成一个闭式系统；下侧油缸为主动缸，上侧油缸为从动缸，当工作臂变幅时，主动缸伸缩，将液压油压入从动缸，由于两个平衡油缸的缸径和杆径完全相同，所以当主动缸伸出或缩回一定长度时，从动缸缩回或伸出相同长度，这样就实现了臂架仰角变化后，绝缘斗变化相同的角度进行补偿，从而实现工作的水平调整。如图 2-27 所示。

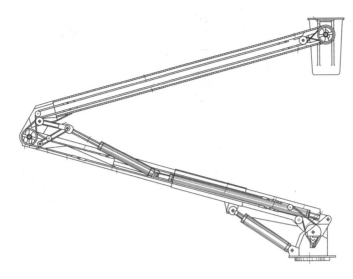

图 2-26 折叠臂臂架结构机械调平示意图

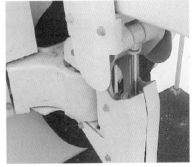

图 2-27 液压调平机构

液压调平方式的优点是安全可靠性高、调平负载能力大，缺点是调平过程中存在误差，且臂架内需要布置很长的连接油管。因此，液压调平方式适于作业高度不是太大的伸缩臂式或者混合式车辆。

图 2-28 为一种拥有专利技术的新型感应调平机构，其反应灵敏，便于维护。

（三）电液调平

电液调平方式采用负反馈控制原理，在平台上装有水平传感器，当工作臂变幅时，水平传感器检测到平台产生倾斜后，控制单元向电磁阀发出控制信号，

图2-28 一种新型感应液压调平机构

驱动调平液压油缸伸缩,向减小绝缘斗与大地产生倾角方向运动,当倾角小于允许值后,停止调平。

电液调平优点是方便布置,缺点是始终存在调平误差,调平滞后于臂架变幅,适于其他两种调平方式无法实现的臂架结构复杂的混合式车型。

四、吊运机构

大部分绝缘斗臂车配置吊运机构,用于起吊重物,一般包括吊钩、绞绳、滑轮、吊臂、卷扬机,如图2-29所示。

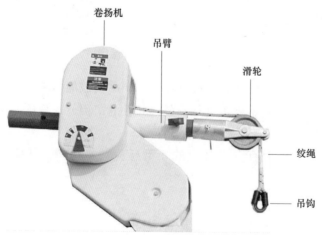

图2-29 吊运机构

卷扬机又称起升减速机或液压绞车，由液压马达驱动，外圈缠绕多层钢丝绳，通过钢丝绳输出牵引拉力。衡量卷扬性能的主要参数有单绳拉力、容绳量、制动力矩等。

吊钩用于勾起起吊物品，通常为金属制成，且有自锁功能，防止重物脱落。吊臂用于起吊重物，一般设置在上部臂段端部内部。其支撑机构分为伸缩式吊臂和折叠式吊臂两种：

（1）伸缩式吊臂。伸缩式吊臂由一个支架基座和玻璃纤维吊臂构成，如图 2-30 所示。吊臂在伸展过程中，液压缸可以提升相应的重量。伸缩式吊臂通过双动液压缸实现倾斜，但倾斜度数有限，部分类型的吊臂仅可进行小角度调整。

如需伸展吊臂，先拆下止动销，将吊臂从支架基座拉出，待拉至所需位置后重新安放止动销。在臂架承受载荷时，严禁转动吊臂。

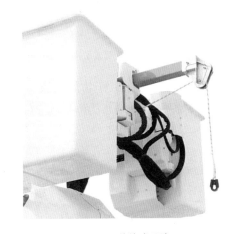

图 2-30　伸缩式吊臂

（2）折叠式吊臂（见图 2-31）。折叠臂式吊臂由一个支架基座、上臂和伸缩臂以及一个玻璃纤维吊臂构成。吊臂可倾斜一定的度数。吊臂的动作由两个双动液压缸运行控制。

如需转动吊臂，先拆下止动销，将吊臂转到所需位置然后重新安放止动销。在臂架承受载荷时，严禁转动吊臂。由于吊臂垂直于臂架，所以工作斗旋转范围有限。

五、工作斗提升机构

为了增强现场作业环境的适应性，部分绝缘斗臂车车型设计更加人性化，

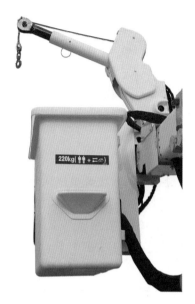

图 2-31　折叠式吊臂

工作斗处设置工作斗提升装置，一般在工作斗处配置一个油缸，能够在特定的区域实现工作斗的垂直起升，提升高度通常为 60cm 左右。如图 2-32 所示。

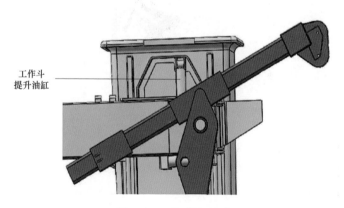

工作斗
提升油缸

图 2-32　工作斗提升机构

第五节　控制系统

控制系统通过对绝缘斗臂车的各个结构进行控制，实现运动方向、运动行程以及运动速度的调节。绝缘斗臂车的控制系统主要分为液压控制系统、电气控制系统。

一、液压控制系统

绝缘斗臂车绝大部分采用液压传动方式，即用液体油作为工作介质来传递能量。绝缘斗臂车的液压控制系统是按照绝缘斗臂车工作装置和各个机构的传动要求，把各种液压元件用管路有机的连接起来的组合体，以油液为工作介质，利用液压泵将发动机的机械能转变为液压能并进行传送，然后通过液压缸和液压马达等将液压能再转换为机械能，带动绝缘臂和绝缘斗运动，实现作业人员工位转移。

（一）液压传动系统的组成及工作原理

1. 液压传动系统组成

液压传动系统由动力元件、执行元件、控制元件和辅助元件构成。

动力元件是把机械能转化成液体压力能的装置，常见的是液压泵。

执行元件是把液体压力能转化成机械能的装置，常见的形式是液压缸和液压马达。

控制元件是对液体的压力、流量和流动方向进行控制和调节的装置。这类元件主要包括控制阀和各种阀构成的组合装置，通过元件的不同组合，实现不同功能的液压传动。

辅助元件指以上三种组成部分以外的其他装置，如各种管接件、油管、油箱、过滤器、蓄能器、压力表等，起连接、输油、贮油、过滤、贮存压力能和测量等作用。

2. 液压传动的工作原理

如图 2-33 所示，液压泵由底盘发动机驱动旋转，从油箱中吸油。油液经过滤器进入液压泵，当它从液压泵输入进入压力管后，通过变换开停阀、节流阀、换向阀的阀芯的不同位置，控制油液进入液压缸实现活塞的运动、停止和移动速度的变化。图中开停阀、换向阀处于初始位置，节流阀处于关闭状态。压力管中的油液将经溢流阀和回油管排回油箱，不输送到液压缸中去，活塞呈停止状态。

当换向阀和开停阀手柄左移，节流阀打开，压力管中的油液经过开关阀、节流阀和换向阀进入液压缸的右腔，推动活塞左移，并使液压缸左腔的油液经换向阀和回油管排回到油箱。

当开停阀手柄左移、换向阀右移后，压力管中的油液将经进开停阀、节流阀和换向阀进入液压缸的左腔，推动活塞向右移动，并使液压缸右腔的油液经换向阀和回油管排回到油箱。

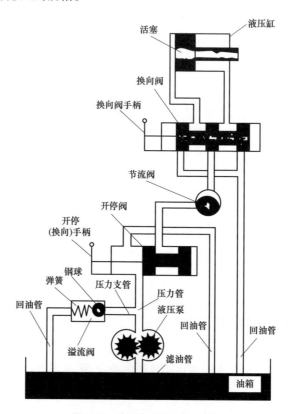

图 2-33　液压传动的工作原理图

如图 2-34 所示是一种半结构式的液压传动工作原理图，它直观性强，容易理解，当液压系统发生故障时，根据原理图检查十分方便，但较难绘制。在实际工作中，除少数特殊情况外，一般都采用 GB/T 786.1—2009《流动传动系统及元件图符号和回路图　第 1 部分：用于常规用途和数据处理的图形符号》所规定的液压与气动图形符号绘制。

（二）绝缘斗臂车的液压控制系统构成

绝缘斗臂车的液压控制系统主要包括动力系统、支腿操控系统和上装操控系统。

1. 动力系统

动力系统主要包括主泵和应急泵。主泵根据不同系统可选择齿轮泵、叶片泵和柱塞泵（包括定量柱塞泵、恒压泵和负载敏感式变量柱塞泵）。部分车型采用多回路多泵系统。应急泵根据工况不同可选择手动泵、电动泵或其他动力泵，当主泵不能正常工作时，应急泵作为应急动力源进行收车操作。

2. 支腿操控系统

以 H 型支腿为例，支腿操作包括水平支腿伸缩和垂直支腿伸缩。一般采用手动多路阀控制，每个支腿可单独调节，支腿控制原理图如图 2-35 所示。

3. 上装操控系统

上装操控系统是绝缘斗臂车的主要控制系统，包括臂架的起落、伸缩，转台回转，工作斗回转、调平，吊钩的升降等动作。

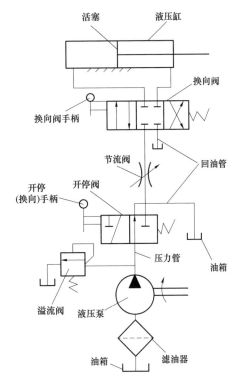

图 2-34 一种半结构式液压传动工作原理图

目前美系车辆大多采用全液压控制，其主要特点是可靠性高，结构紧凑，操作直观，但管路较多，布管难度较大。全液压控制一般采用两组手动多路换向阀并联，配以安全阀、单向阀、过载阀、补油阀等组合在一起构成。一种典型的上装全液压控制原理图如图 2-36 所示。

工作斗液压系统，主要由工作斗阀块控制的小臂升降油缸、工作斗调平油缸及工作斗摆动油缸组成。工作斗摆动分为液压油缸和液压马达两种结构类型。一种典型的工作斗的全液压控制原理图如图 2-37 所示。

二、电气控制系统

电气控制系统主要是通过电气元件实现对液压阀的流量、方向控制，完成对斗臂车运动功能的控制。此外，还包括一些辅助的功能，如照明、通信、安全位置检测等。与美系车辆全液压控制系统相对应，目前日系车辆大多采用电

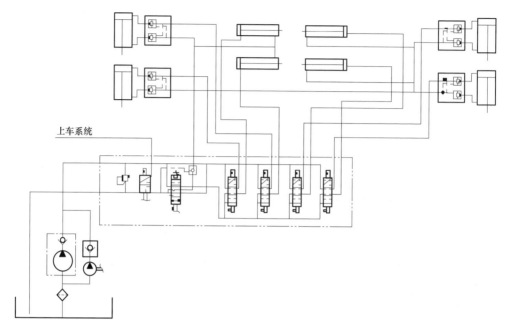

图 2-35　支腿控制原理图

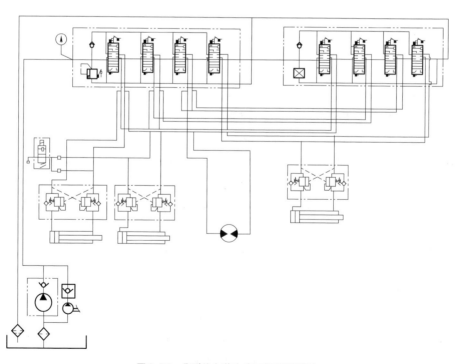

图 2-36　典型的上装全液压控制原理图

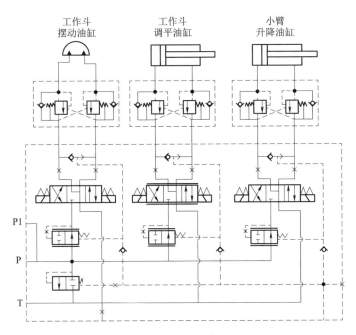

图 2-37　典型的工作斗全液压控制原理图

液比例控制。其通过控制电气元件实现流量调节，来控制液压油缸伸缩幅度和速度以保证动作的平稳性和微调性。流量调节可采用节流阀、比例流量阀、比例换向阀和负载敏感多路换向阀等。一种典型的电液比例控制原理图如图 2-38 所示。

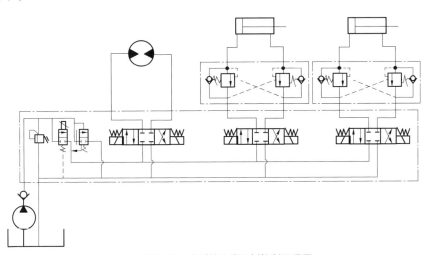

图 2-38　典型的电液比例控制原理图

（一）电气控制系统功能

（1）驱动：实现对电磁换向阀、比例阀等的驱动，完成对工作臂、工作斗的回转、升降、伸缩功能。

（2）照明：主要是工作警示和工作照明，包括侧标志灯、尾灯、支腿警示灯、夜间工作照明灯。对于一些宽度超过2.1m的作业车还会增加前后示廓灯。如图2-39所示。

图2-39　工作警灯

（3）通信：高于20m的绝缘斗臂车需要加装上下车通信装置，用来实现工作平台内的工作人员和地面工作人员的通信。

（4）监测：将检测到的信号接入操作系统内，实现绝缘斗臂车的安全保护作用。加装的监测系统包括垂直支腿状态监测、工作臂初始位置和极限位置监测，使用的监测元件一般为开关量元件。复杂的检测系统还包括水平支腿状态监测、工作臂的回转角度监测、工作的变幅角度监测、工作臂的长度监测、工作平台的载重监测、工作臂的油压监测等，一般使用的监测元件为模拟传感器或总线传感器。

（5）安全控制：用来实现绝缘斗臂车具体动作的控制，一般包括底盘起动和熄火、底盘油门、上下车互锁控制，工作臂的伸缩、变幅和回转控制、紧急制动、工作平台的回转控制。复杂的产品还具备垂直、水平支腿的伸缩控制，底盘的调平控制，工作平台的调平等。

（二）电气控制系统基本元件

绝缘斗臂车常用的操作电气元件有钮子开关、按钮开关、旋钮开关、比例手柄等；常用的执行电器元件有指示灯、蜂鸣器、照明灯、继电器盒控制器等；

常用的传感器包括开关量传感器、模拟量传感器和 CAN 总线（控制器局域网络）传感器三种。

行程开关和检测开关一般为开关量传感器，一般应用于相对简单的由继电器构成的控制系统；长度传感器、角度传感器和油压传感器既有模拟量的，也有 CAN 总线的，一般应用于较为复杂的控制系统。

（三）电气控制系统构成

按主控单元的构成来分，电气控制系统可以分成继电器控制系统、控制器控制系统、总线控制系统。

● 继电器控制系统只能实现逻辑控制，信号主要为开关信号，无法实现精确的载荷、高度、幅度等安全限制。适用于中低高度折叠臂架车型。

● 控制器控制系统以 PLC 为主控单元，不仅能够实现逻辑控制，而且能够实现模拟传感器信号的输入以及比例阀等模拟信号的输出控制，能够实现精确的载荷、高度、幅度等安全限制。适用于中低高度伸缩臂架车型。

● 总线控制系统采用总线式传感器及多个控制器实现控制，系统内传输的主要为数字信号，具有信号无失真、系统可靠性能高等特点。适用于高度复杂的混合臂架车型。

按控制的区域来分，电气控制系统可以分为底盘控制系统、下车控制系统和上车控制系统。

● 底盘控制系统主要是对底盘的发动机启动、熄火和转速进行控制。对于底盘的启动和熄火，一般采用直接控制，即将控制开关并入或串入底盘预留的启动、熄火点。对于底盘转速的控制相对较为复杂，一般采用两种方法：一种是将定值电阻接入预留的转速接口，在控制底盘油门时先将油门输入由脚踏开关切换至转速接口，然后调节定值电阻，得到需要的转速，但这样只能对底盘转速实现一种速度控制；另一种是与底盘行车电脑通信的方式，通过调节对底盘行车电脑输入的脉冲宽度调制（一种模拟信号电平进行数字编码的方法）信号的不同，获得不同的转速，这种方式的优点是可以根据需要，获得不同的底盘转速，且均为无级调速，但这种方法较为复杂，一般在对底盘油门控制要求较为精准的时候才会采用。随着安全需求的越来越高，部分产品底盘控制还包括驻车检测、取力检测、发动机状态检测、行车与取力互锁等。

● 下车控制系统主要包括对支腿撑实后下车水平状态的检测和支腿状态的检测及操作。简单功能包括垂直状态检测、工作臂初始状态检测、支腿警示灯及操作、侧标志灯、上下车电磁阀互锁操作和故障报警等。复杂功能还包括支腿操作、水平与垂直支腿状态实时监测、底盘调平控制等。

- 上车控制系统可以分成转台控制和平台控制两个部分。主要是对上车工作臂的操作，此外还有一些安全检测，包括工作臂变幅角度、工作臂回转角度、工作臂长度等检测，主要是起安全保护作用，防止超幅工作。

平台控制与转台控制的主要功能基本相同，均是操作绝缘斗臂车工作臂将工作平台送至指定位置。唯一不同的是转台控制的优先级高于平台控制，平台控制受转台控制的限制，并且主要的液压执行机构一般都放在转台。平台控制的操作通过电缆与转台的操作并接后与转台执行机构连接。

简单的上车操作是通过开关对液压电磁阀的直接操作，出于安全保护再额外增加一些简单的位置限制；复杂的上车操作是通过对工作臂的长度、变幅角度、回转角度等实时监测与控制器对工作臂的作业区域进行实时计算，从而限制安全工作区域，保证作业安全可靠。

第六节 安 全 装 置

绝缘斗臂车的安全装置用于实现绝缘斗臂车安全状态的检测指示、闭锁或者保证应急状态下车辆的可靠运行与归位。

1. 安全检测装置

（1）绝缘斗臂车应具有防倾翻安全装置，装备倾斜角度指示装置，以指明底盘倾斜是否在制造商的许可范围内。倾斜角度指示装置应受保护，以免损坏或意外更改设置。对于用支腿来调平的绝缘斗臂车，底盘倾斜角度指示装置在支腿的操控部位应能清晰可见。常用的倾斜角度指示装置为水平仪，如图2-40所示。

图 2-40　水平仪

（2）绝缘斗臂车应有支腿可靠着地和臂架可靠归位的检测装置，通常为行程开关或者距离传感器，通常装设于工作臂支架或者支腿内部，用于指示状态并为安全互锁装置提供信号，如图 2-41 所示。

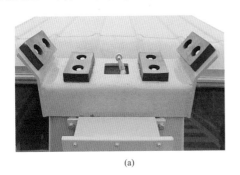 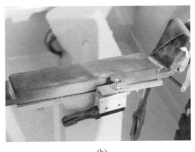

（a）　　　　　　　　　　　　　（b）

图 2-41　行程开关和距离传感器

（a）行程开关；（b）距离传感器

2. 安全保护装置

（1）绝缘斗臂车应配有专用的接地装置，如图 2-42 所示。接地装置包括长度不小于 10m，截面积不小于 16mm^2 的带透明护套的多股软铜接地线。

（2）绝缘斗臂车上装部分在工作过程中超出安全作业范围时应具有限制相应动作的功能。

（3）绝缘斗臂车的伸展机构由单独的钢丝绳或链条实现传动时，系统应有断绳安全保护装置。

（4）绝缘斗臂车的液压系统中，应设置防止液压管路发生故障造成液压机构发生回缩的安全保护装置。液压锁是常见的安全保护装置，如图 2-43 所示。

3. 安全闭锁装置

支腿与上装操作系统应有互锁功能，实现工作臂与支腿的互锁。当工作臂工作时，工作臂支架的行程开关或距离传感器产生信号，闭锁装置动作，闭锁支腿操作系统；当支腿未伸展或未支撑可靠时，支腿中的行程开关或距离传感器产生信号，

图 2-42　接地装置

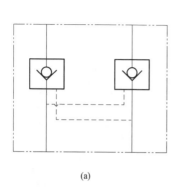

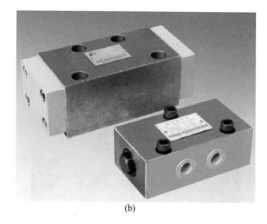

(a)　　　　　　　　　　　　　　　　(b)

图 2-43　液压锁

(a) 液压锁符号；(b) 液压锁实物

闭锁装置动作，闭锁工作臂操作系统。

4. 应急装置

(1) 紧急停止开关。绝缘斗臂车应装有便于操控的紧急停止开关，可在紧急时有效地停止所有动作，如图 2-44 所示。

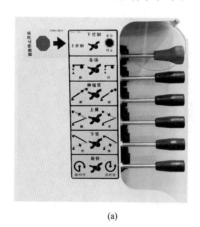

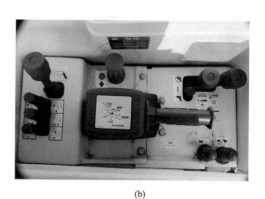

(a)　　　　　　　　　　　　　　　　(b)

图 2-44　紧急停止开关

(a) 一种位于转台的紧急停止开关；(b) 一种位于绝缘斗的紧急停止开关

(2) 应急系统。绝缘斗臂车应具有第二套动力系统确保发动机故障时作业装置能够可靠归位。应急动力系统可选择手动泵、电动泵或其他动力泵，目前大部分车辆配备直流泵。当车辆发动机或液压泵出现故障时，直流泵通过车辆蓄电池供电，作为备用液压动力源，实现车辆回收。

5. 扩展型安全装置

扩展型绝缘斗臂车还具有以下安全装置：

（1）支腿跨距自动检测装置：扩展型绝缘斗臂车具有支腿水平伸出指示装置，并根据水平支腿伸出距离自动控制安全的作业范围。

（2）工作臂自动回收装置：扩展型绝缘斗臂车上部一键式归位开关可自动完成工作臂的收缩、旋转、下降等动作，使工作臂自动完成归位。

（3）工作臂防干涉装置：扩展型绝缘斗臂车工作臂靠近驾驶室及工具箱时，可自动停止工作臂动作。

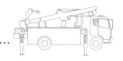

第三章

绝缘斗臂车的安全操作

第一节　基本安全要求

绝缘斗臂车直接关系到作业人员的人身安全，应建立车辆台账，包括名称、编号、购置日期、有效期限、适用电压等级、试验记录等内容，并按照相关要求对操作人员、库房存放、现场作业等进行规范化、标准化管理。

一、人员要求

操作绝缘斗臂车、参加带电作业的人员应身体健康，无妨碍工作的病症或生理、心理障碍，经专门培训，考试合格取得从业资格，并经单位批准后，持证上岗。

操作人员应全面掌握绝缘斗臂车及电力系统各项安全操作规程及要求，不得违章操作，掌握紧急情况下的处理方法。作业前不得服用对反应能力有影响的药品或含酒精的饮料。

使用绝缘斗臂车进行带电作业时应有人监护，监护人不得直接操作，监护的范围不超过一个作业点。复杂或高杆塔作业，必要时应增设专责监护人。带电作业工作票签发人和工作负责人、专责监护人应具有带电作业资格和实践经验的人员担任。工作负责人应关注车辆操作人员的身体状况和精神状态是否满足现场作业要求，发现异常迹象，不得继续作业。要时刻掌握作业人员的疲劳程度，保持适当的时间间隔，必要时可以两班交替作业。

工作负责人应时刻掌握作业的进展情况，密切注视作业人员的动作，根据作业方案及作业步骤及时做出适当的指示，整个作业过程中不得放松危险部位的监护工作。

绝缘斗臂车下部操作人员不准离开下部操作台，应精力集中，注意观察高空作业情况，随时准备进行应急处理工作。

二、库房要求

（一）一般要求

（1）环境要求：库房宜修建在周边环境清洁、干燥、通风良好、工具运输及进出方便的地方。标准化车库外观如图 3-1 所示。

图 3-1　标准化车库外观

（2）空间要求：车库的存放体积一般应为车体的 1.5～2.0 倍。车辆最高点距车库顶部应有 0.5～1.0m 的空间，车库门应采用具有保温、防火的专用车库门，应具备电动遥控、手动开合功能。标准化车库内景如图 3-2 所示。

图 3-2　标准化车库内景

（3）消防要求：库房内应配备足够的消防器材，并合理地分散放置在库房内。标准化车库消防器材如图3-3所示。

图3-3　标准化车库消防器材

（4）照明要求：库房内应配备足够的照明灯具。

（5）装修材料要求：库房的装修材料中，宜采用不起尘、阻燃、隔热、防潮、无毒的材料。处于一楼的库房，地面应采用隔湿、防潮的材料。

（二）技术条件与设施

（1）温度要求：因为玻璃纤维及树脂暴露在80℃或更高温度的环境中会加速老化，所以当绝缘斗臂车停放在有热源的建筑物或汽车库房内，必须采取隔热措施，防止因过热而导致绝缘损坏。库房内温度宜控制在5～40℃内。考虑到北方地区冬天室内外温差大，车辆入库时易出现凝露现象，该地区的库房温度应根据环境温度的变化在一定范围内调控。

库房内烘干加热设备一般采用热风循环加热设备，内部风机应有延时停止装置；在能保证加热均匀的情况下也可采用红外线加热设备、不发光加热管、新型低温辐射管等。加热设备功率按库房空间体积的大小来选择，可根据当地的温度环境按15～30W/m³选配。加热设备在库房内应均匀分散安装，一般安装在便于烘烤绝缘斗臂的部位或顶部，下部不需要安装加热设备。标准化车库加热器如图3-4所示。

图 3-4　标准化车库加热器

为保证温度测量的可靠性，库房内应安装两个温度传感器，为比较室内外温差，应在室外安装一个温度传感器。温度传感器量程为 $-40\sim80℃$，在 $-10\sim80℃$ 范围内精度 $\pm0.5℃$。温度测控的指标为 $-10\sim80℃$，精度为 $\pm2℃$。

（2）湿度要求：库房内空气相对湿度应不大于 60%。除湿设备的除湿量按照库房空间体积的大小来选择，一般按 $0.05\sim0.2L/（d\cdot m^3）$ 选配；对于北方地区，可按 $0.05\sim0.15L/（d\cdot m^3）$ 选配；对于南方地区，可按 $0.13\sim0.2L/（d\cdot m^3）$ 选配。对湿度相对较高的区域，除湿机应按上限选配。

为保证湿度测量的可靠性，要求在库房的每个房间内安装两个湿度传感器。湿度传感器量程为 $0\sim100\%RH$，在 $10\%\sim95\%RH$ 范围内精度为 $\pm3\%$；湿度测控的指标为 $30\%\sim95\%RH$，精度 $\pm3\%$。

（3）通风要求：库房内可装设排风设备。排风量达到 $1\sim2m^3/h$ 吸顶式排风机应安装在吊顶上，轴流式排风机宜安装在库房内净高度 $2/3\sim4/5$ 高度的墙面上。出风口应设置百叶窗或铁丝窗，进风口应设置过滤网，预防鸟、蛇、鼠等小动物进入库房内。

（三）测控功能要求

为了保证车库库房的温度、湿度能满足使用要求，应专设温湿度测控系统。温湿度测控系统应具备湿度测控、温度测控、温湿度设定、超限报警及库房温湿度自动记录、显示、查询、报表打印等功能。

库房温湿度测控系统，应根据检测的参数自动启动加热、除湿及通风装置，实现对库房温度、湿度的自动调节和控制。库房内应设有温度超限保护装置、

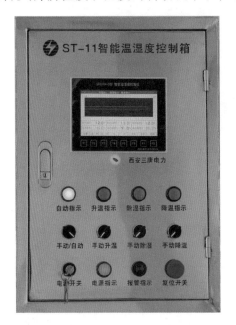

烟雾报警器、室外报警器等报警设施。当库房内温度超过50℃时，温度超限保护装置应能自动切断加热电源并启动室外报警器；温度超限保护装置在控制系统失灵时也应能正常启动。当库房内产生烟雾时，烟雾报警器和室外报警器应能自动报警。

为有效保证测控系统的安全有效运行，控制系统需设置自动复位装置，以保证测控系统在受到外界干扰而失灵时能立即自动复位进而恢复正常运行。在测控系统完全失效或检修时，加热及除湿装置等应能够手动投入工作，须在控制屏柜上设立手动/自动切换开关及相应的手动开关。标准化车库温湿度控制系统如图3-5所示。

图3-5　标准化车库温湿度控制系统

三、现场环境要求

（一）气象条件要求

绝缘斗臂车的工作环境温度范围为-25～40℃，风速不超过10.8m/s，相对湿度不超过90%（25℃时），海拔不超过1000m，在海拔1000m及以上地区作业时，绝缘斗臂车所选用的底盘动力应适应高原行驶和作业要求，且绝缘臂、工作斗等绝缘体的绝缘水平应进行相应海拔修正。

当气温低于-5℃、高于35℃时，不宜进行带电作业。在低温或高温环境下进行作业，应采取保暖或防暑降温措施，夏季和冬季开展带电作业应合理安排作业时间，作业时间不宜过长。

使用绝缘斗臂车作业应在良好的天气下进行，遇雷、雨、雪、大雾时不应进行带电作业。风力大于10m/s（5级）以上时，不宜进行作业。相对湿度大于80%的天气，若需进行带电作业，应采取具有防潮性能的绝缘工具。

遇特殊或紧急情况，必须在恶劣气候下进行带电抢修时，应针对现场气候和工作条件，组织有关工程技术人员和全体作业人员充分讨论，制定可靠的安全措施，经单位批准后方可进行。带电作业过程中若遇天气突然变化，有可能危及人身或设备安全时，应立即停止工作；在保证人身安全的情况下，尽快使设备恢复正常状况，或采取其他安全措施。

（二）危险源识别要求

绝缘斗臂车不得在有爆炸危险的区域或在高热、腐蚀性的环境以及对操作人员健康有害的粉尘环境中工作。

（三）作业可视性要求

环境光线暗淡或能见度低时禁止作业。夜间抢修作业应有足够的照明设施，保证工作区域内具有良好的能见度，如图 3-6 所示。

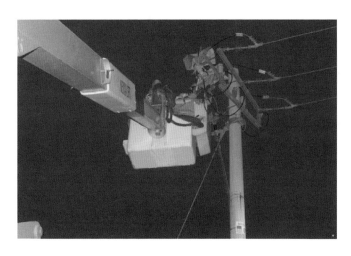

图 3-6　夜间抢修作业

（四）地面环境要求

如图 3-7 所示，绝缘斗臂车工作处地面应坚实、平整，地面坡度大于 5° 时不得工作。当地面松软，不足以支撑车辆支腿时，必须在支腿下加垫支撑垫板，增大支撑面积，防止车辆倾覆。

（五）停放距离要求

绝缘斗臂车停放或行驶时，其车轮、支腿或履带的前端或外侧与沟、坑边缘的距离不得小于沟、坑深度的 1.2 倍，否则应采取防倾、防坍塌措施。

图 3-7　车辆停放环境

第二节　车辆行驶安全操作

一、行驶前安全准备

操作人员应仔细阅读车辆使用说明书，熟悉底盘及上装的使用要求，掌握车辆行驶参数，做好安全准备工作。

（一）车辆底盘安全准备

车辆环绕检查。环绕车辆进行目测，观察发动机和底盘的机油、燃油、制动液无泄漏，车体、底盘无裂痕及损伤情况。如图 3-8 所示。

图 3-8　车辆环绕检查

工具箱门检查。锁好工具箱、转台控制箱、平台控制箱等箱门，防止车辆行驶过程中造成工器具掉落及箱门损伤，对行车安全造成隐患。如图 3-9 所示。

图 3-9　工具箱门检查

车辆轮胎检查。轮胎气压要保持在规定的压力范围内，轮胎气压过低会降低行驶的安全性，轮胎外观应无损伤。更换轮胎时，要使用规定的轮胎。如图 3-10 所示。

图 3-10　车辆轮胎检查

接地线检查。确认接地线回收到位。如图 3-11 所示。

图 3-11　接地线检查

　　车辆前挡风玻璃检查。从高空作业装置上掉下来的液压油或润滑脂等沾在前挡风玻璃上时，会使视线变差，要及时清除。如图 3-12 所示。

图 3-12　车辆前挡风玻璃检查

　　驾驶室仪表检查。驾驶室各仪表和指示灯正常工作，燃油位置正常，蓄电池正常运行、电量满足要求。如图 3-13 所示。

　　驾驶室踏板检查。发动机启动后，倾听发动机无异常噪声，检查刹车、转向、灯光、雨刷等工作是否正常。如图 3-14 所示。

图 3-13　驾驶室仪表检查

图 3-14　驾驶室踏板检查

（二）车辆上装安全准备

观察工作斗、工作臂、吊臂无破损、污垢及变形，工作斗内无积水、工器具、材料，并盖好工作斗防潮保护罩（如图 3-15 所示）。移动绝缘斗臂车时，工作斗内、后车厢及车顶严禁载人。

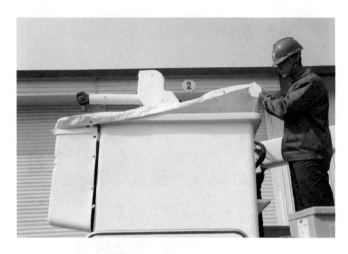

图 3-15　工作斗防潮保护罩

观察液压油位，确保液压油箱中油量达到规定值。如图 3-16 所示。

图 3-16　液压油位检查

确认下车控制箱电源、取力器已关闭，保证取力器与变速箱内取力输出齿轮脱离。若取力器开关在接通的状态下行驶，因液压系统处于工作状态，可能造成工作臂等装置动作或使液压系统损坏。

工作斗必须回复到行驶位置。上臂应折起来，下臂应降下来，上、下臂均应回复到各自独立的支撑架上。伸缩臂必须完全收回。上、下臂必须固定牢靠，以防止在运输过程中由于晃动受到撞击而损坏。如图 3-17 所示。

图 3-17　工作臂固定

带吊臂的绝缘斗臂车，吊臂应卸掉或缩回。设置有回转止动销的吊臂应将回转止动销扣好。支腿应完全收回，支腿操作手柄扳至原始位置。若不收回工作臂、工作斗及支腿时行驶，将改变车辆的尺寸和平衡，可能造成交通事故。液压工具油管应卸下，并恢复油管盖，防止造成脏污。液压工具油管盖如图 3-18 所示。

二、行驶时安全要求

严格按照交通法规要求行驶。驾驶员驾驶车辆要与其准驾资质相符，行驶前检查车辆相关保险、年审、环保是否符合相关要求。驾驶员要携带驾驶证，不得酒后驾驶。

图 3-18   液压工具油管盖

车辆行驶过程中，所有人员必须坐于驾驶室中并系好安全带。

绝缘斗臂车整车质量大，在长坡道、雨天、冰冻及积雪路面行驶时，因刹车性能减弱，要控制车辆的行驶速度。

驾驶车辆时，特别注意车辆行驶高度是否超过行驶桥梁、涵洞的限制高度，注意不要使工作臂部分和工作斗碰到建筑物。在松软的道路、木桥及有质量限制的道路上行驶时，应先确认能否满足行驶要求。

绝缘斗臂车带有高空作业装置，比一般车辆重，重心也较高。因此不能急刹车或急转弯，以防止发生翻车事故。尤其在冬季，车辆的轮胎稳定性下降，更要特别注意交通安全。

绝缘斗臂车因具有高空作业装置，后方的视野较差，在倒车时，必须有人指挥，驾驶员按照指挥者的指令驾驶。如图 3-19 所示。

带电作业工具运输过程中，应装在专用工具袋、工具箱或专用工具车内，以防受潮和损伤。在工具箱及装载区堆放工具等物品，装载时不得偏载或超载，固定要可靠牢固，以防因行驶中的振动而掉落。如图 3-20 所示。

图 3-19　车辆倒车指挥

图 3-20　工器具放置

第三节　现场作业安全操作

一、作业前准备工作

（一）车辆停放

作业人员应根据地形地貌，将绝缘斗臂车定位于最适于作业位置，支撑应稳固可靠；机身倾斜度不得超过制造厂的规定，必要时应有防倾覆措施。绝缘斗臂车应良好接地。要充分注意周边通信和高低压线路及其他障碍物，选定绝缘斗的升降回转路径，确保停车位置便于作业操作。

（二）安全隔离措施

施工现场应做好安全隔离措施和设置施工标志，禁止无关人员、过往车辆进入施工现场，靠近绝缘斗臂车，以免发生危险。

在绝缘斗臂车作业地点四周应悬挂标识牌和装设遮拦（围栏），悬挂"在此工作！"标示牌，出入口要围至邻近道路旁边，并设置"从此进出！"标示牌，工作地点的周围围栏上要悬挂适当数量的"止步，高压危险！"标示牌。如图3-21所示。

图3-21　安全隔离措施

（三）车辆及工具安全要求

绝缘斗臂车在使用前应认真检查其表面状况，若绝缘臂、斗表面存在明显脏污，可采用清洁毛巾或棉纱擦拭（绝缘部分清洁如图3-22所示）。清洁完毕后应在正常工作环境下置放15min以上，斗臂车在使用前应空斗试操作1次，确认液压传动、回转、升降、伸缩系统工作正常，操作灵活，制动装置可靠（空斗试验如图3-23所示）。

如图3-24所示，作业人员应对绝缘工器具进行外观检查，确认绝缘工具无磨损、变形，个人防护用具和遮蔽用具无针孔、砂眼、裂纹，并使用绝缘电阻检测仪分段检测绝缘工具的表面绝缘电阻值（如图3-25所示）。

(a)

(b)

图 3-22　绝缘部分清洁

（a）绝缘臂清洁；（b）绝缘斗清洁

（四）人员安全防护

操作人员应通过阶梯上下车辆及工作斗，当工作斗不在起始位置时，不允

图 3-23　空斗试验

图 3-24　工器具外观检查

许进入，防止滑倒或跌落。

作业人员进入工作斗之前必须在地面上穿戴妥当绝缘安全帽、绝缘靴、绝缘服、绝缘手套及外层防刺穿手套等，并由现场安全监护人员进行检查。如图 3-26 所示。

作业人员进入工作斗应将安全带挂于车辆预设的专用扣环中。安全带使用前应检查安全带扣环、吊带是否损伤，纺织部位是否有磨损、老化现象，并做冲击试验。如图 3-27 所示。

图 3-25　绝缘工器具绝缘电阻测试

图 3-26　全身防护用具

二、作业现场安全要求

（一）安全距离

使用绝缘斗臂车进行带电作业时，绝缘臂的有效绝缘长度应大于 1m，如图 3-28 所示。

作业人员在 10kV 带电体上作业时与周围接地体之间应保持的最小安全距离为 0.4m，与相邻相导线间最小安全距离为 0.6m，如图 3-29 所示。

图 3-27　安全带冲击试验

图 3-28　绝缘臂的有效绝缘长度要求

　　绝缘斗臂车的金属部分在仰起、回转运动中，与带电体间的安全距离不得小于 0.9m，如图 3-30 所示。工作中车体应使用截面积不小于 16mm^2 的软铜线良好接地。绝缘斗臂车每次转移至一个不同的工作位置，都要重新接好地线。

　　（二）操作速度

　　在工作过程中，绝缘斗臂车的发动机不得熄火（电能驱动型除外）。绝缘斗

图 3-29　作业安全距离要求

图 3-30　金属部分的距离要求

臂车操作人员应服从工作负责人的指挥,作业时应注意周围环境及操作速度。工作斗的起升、下降速度不应大于 0.5m/s,绝缘斗臂车回转机构回转时,工作斗外缘的线速度不应大于 0.5m/s。

操作工作斗时,要缓慢动作。急剧地操纵操作把手,动作过猛有可能使工作斗碰撞较近的物体（违章案例如图3-31所示），造成工作斗损坏和人员受伤。在进行反向操作时，要先将操作把手扳回到原始位置，绝缘斗臂车稳定后再扳到反向位置。

图3-31　工作斗碰撞电杆违章案例

（三）物件传递

作业人员之间传递工具或遮蔽用具时应逐件分别传递。禁止地电位作业人员直接向进入电场的作业人员传递非绝缘物件。上、下传递工具、材料均应使用绝缘绳绑扎，严禁抛掷。如图3-32所示。

在从地面向杆上作业位置吊运工具和遮蔽用具时，工具和遮蔽用具应分别装入不同的吊装袋，应避免混装。采用绝缘斗臂车的绝缘小吊或绝缘滑轮吊放时，吊绳下端应不接触地面，要防止受潮及缠绕在其他设施上，吊放过程中应边观察边吊放。

（四）工作位置

斗上双人带电作业，禁止同时在不同相或不同电位作业（违章案例如图3-33所示）。作业人员进行换相工作转移前，应得到监护人的同意。在低压带电导线或漏电的金属紧固件未采取绝缘遮蔽或隔离措施时，作业人员不得穿越或碰触。凡具有上、下绝缘段而中间用金属连接的绝缘伸缩臂，作业人员在工作过程中不应接触金属件。

作业人员不得将身体重心移出工作斗外，两腿要可靠地站在工作斗底面，以稳定的姿势进行作业。不准在工作斗内使用扶梯、踏板等进行作业，不准从

图 3-32 使用绝缘绳传递工器具

图 3-33 作业人员在不同电位作业违章案例

工作斗跨越到其他建筑物上。

（五）器材存放

不要将可能损伤工作斗、工作斗内衬的器材直接堆放在工作斗内，以防划伤、损坏绝缘工作斗，造成其绝缘性能降低。禁止在工作斗内装载高于工作斗的金属物品，以免工作斗中金属部分接触到带电设备，造成触电，违章案例如图 3-34 所示。

任何人不得在工作臂下方区域通行或逗留，以免发生高空落物伤人事故。

图 3-34　器材存放违章案例

（六）承载及起吊

采用绝缘斗臂车作业前，应考虑工作负载、工具和作业人员的重量，严禁超出厂家规定的额定载荷。如图 3-35 所示为一种绝缘斗臂车的载荷要求。

起重搬运时，应由有经验的专人负责，作业前应进行技术交底，由一人统一指挥，起重指挥信号应简明、统一、畅通，分工明确。

遇到 6 级以上的大风时，禁止露天进行起重工作。风力达到 5 级时，受风面积较大的物体不宜起吊。当有雾、照明不足、指挥人员看不清各工作点或起重操作人员未获得有效指挥时，不得进行起重作业。

起吊重物前，应由起重工作负责人检查悬吊情况及所吊物件的捆绑情况，确认可靠后方可试行起吊。起吊重物稍离地面（或支持物），应再次检查各受力部位，确认无异常情况后方可继续起吊。

起吊重物应绑扎牢固，若重物有棱角或特别光滑的部位时，在棱角和滑面与绳索（吊带）接触处应加以包垫。起重吊钩应挂在物件的重心线上。

绝缘斗、臂不得用作推进、提升及挖掘等作业，导线或其他设备也不得搁置于斗上。起吊重物须用吊臂，禁止起吊固定在地面的物体或埋在地下的不明物体。当吊臂承受重物时，禁止操作工作臂，以免造成车辆倾覆。吊臂和起吊物的下方，禁止有人逗留和通过。

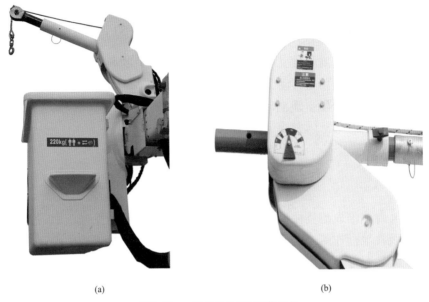

(a)　　　　　　　　　　　　　　　　(b)

图 3-35　一种绝缘斗臂车载荷要求

（a）工作斗载荷要求；（b）吊运系统载荷要求

（七）寒冷环境作业

在冬季室外气温低及降雪后等情况下进行作业时，因工作环境较差，对作业造成不便，应注意以下情况：

雪天作业人员在上下工作斗时，工具箱的上部、车顶踏板处容易滑倒，应小心。

在降雪后进行作业，一定要先清除工作臂托架的限位开关等安全装置、各操作装置及其外围装置、工作臂、工作斗周围部分、工作箱顶、运转机构等部位的积雪，确认各部位动作正常后再进行作业。

清除积雪时，不要采用直接浇热水的方法，防止热水浇在操作装置部位、限位开关部位及检测器等的塑料上，温度的急剧变化有可能导致裂痕或开裂，甚至会造成机械装置的故障。

环境温度较低时，操作把手的活动机构会略有收缩，有时会引起开关及操作把手不够灵活，在动作之前，可多操作几次操作把手，并确认各操作把手都已经扳回到原始位置后，再进行正常作业。同时，工作臂在动作中会由于低温产生异常声音，通过预热运转，随着油温及液压部件温度的上升，异常声音会减弱或消失。

（八）异常情况处理

在操作绝缘斗臂车时，察觉到任何危险或听到任何异常声音，如摩擦声、爆裂声或刺耳声，应立即停止操作，除非在保证安全的前提下可对这些故障进行诊断和解决，否则禁止移动工作臂或工作斗。

当高压液压系统发生泄漏时，应避免接触所产生的喷溅物，防止伤害皮肤或眼睛。

第四节　车辆停放安全操作

绝缘斗臂车停放流程主要包括停车位置的选择、停车操作、取力操作、支腿操作以及接地操作等。车辆停放要尽量选择既水平又坚固的位置，并尽量靠近作业位置，要考虑臂架伸展范围和上装运动所需的空间，确认在支腿及上装运动范围内没有任何阻碍其运动的物体。

一、停车操作及注意事项

（一）停车操作

（1）将变速器放到空挡使发动机空转，拉起驻车制动并用轮挡固定车轮。如图 3-36 所示。

（2）设置路障、围栏、标识牌等标志，除工作人员外，禁止其他任何人员和过往车辆进入施工现场。

（3）打开工作警示灯，向行人和机动车发出正在作业的警告。

（二）停放注意事项

1. 坡度判定

绝缘斗臂车在支腿操作手柄处配备坡度指示器，是判定坡度大小的主要依据。如图 3-37 所示。

坡度指示器通常向操作人员提供以下信息：

（1）对于无支腿的绝缘斗臂车，坡度指示器可以显示出绝缘斗臂车是否停在规定范围内。

（2）对于带有支腿的绝缘斗臂车，操作人员通过坡度指示器可以预估支腿设置前的大概地面坡度（可能会导致车身倾覆的地面坡度）；当支腿设置完成之后，操作人员又可以观察整车是否调平。

图 3-36　绝缘斗臂车停放

(a)　　　　　　　　　　　　　　　　　　(b)

图 3-37　坡度指示器

（a）类型一；（b）类型二

2. 水平面停放注意事项

如果绝缘斗臂车配备支腿，则必须按要求使用支腿，在未铺砌路面、沥青路面和其他软表面应使用支腿垫板。支腿垫板摆放必须稳固，以支撑集中于某个区域的载荷。如果对稳定性存在疑问，应在支腿垫板下方放置稳固的支撑来增加支撑面积，提高承载能力。

虽然有些厂家生产的绝缘斗臂车不要求在作业中四轮离地，但为保证安全，支腿操作完毕后应使车辆四轮离地并由支腿受力。当然四轮离地也不宜过高，过高则使车体重心较高影响到整车的稳定性。以下为绝缘斗臂车作业中的受力分析，如图3-38所示。

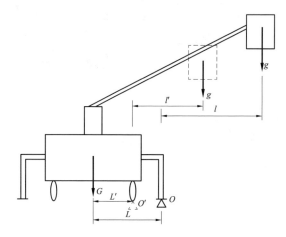

图3-38　绝缘斗臂车作业中的受力分析

当车轮受力为支点时：$G \cdot L' \geqslant g \cdot l'$，最大作业半径 $l' \leqslant G \cdot L'/g$；当支腿受力为支点时：$G \cdot L \geqslant g \cdot l$，最大作业半径 $l \leqslant G \cdot L/g$。由于 $L>L'$，所以 $l>l'$。由此可以知道，当绝缘斗臂车支腿受力时，作业中可以得到较大的作业范围。另外，需要注意，在支腿与地面有间隙或只是轻微受力的情况下，绝缘臂回转、升降、伸缩时绝缘斗超出以四轮作为支点的作业范围时，车辆底盘的受力支点会快速过渡到支腿上，车辆会有较大幅度晃动，对支腿和整车稳定性造成较大的安全威胁。

3. 斜坡停放注意事项

车辆坡道停放时，要将稳定性差的方向向着坡道上方。通常，双排驾驶室车型前方稳定性较其他方向差，在坡道作业时，驾驶室向上；单排驾驶室车型后方稳定性差，驾驶室应向下。具体车型稳定性，需经生产厂家确认。另外，在驾驶室上方作业时，坠物易损伤驾驶室，须尽可能避免在驾驶室方向作业。

绝缘斗臂车在斜坡上停放结束之后，操作人员应将车体调平，车辆前后坡度不能超过5°。

对于无支腿的绝缘斗臂车，在斜坡上的停放，其整车的稳定性与轮胎胎压和车体稳定装置有关，因此整车停放前需检查胎压和相关的稳定装置。

对于有支腿的绝缘斗臂车，在斜坡上操作时应确保上装处于收回状态。在斜坡上需要铺设支腿垫板将整车调平。

危险

（1）在倾斜路面上支腿的设置及回收操作方法如有错误，将使车辆滑动或者失控。

（2）常规的（二类）底盘的停车制动器固定驱动轴的方法是制动后轮胎（中央制动器），因此若是前胎着地，后轮胎浮起或车辆大幅度倾斜时，停车制动器将失灵，可能导致车辆失控，出现危险。

4. 冰冻路面停放注意事项

（1）车辆在积雪路面停放时，必须先清除积雪，确认路面状况，采取防滑措施后再停放。

（2）车辆在冻结的路面停放时，避免停放在凹凸不平的路面处，要铺设具有防滑功能的垫板。放置支腿与回收支腿的顺序与斜坡路面的顺序相同。

（3）H型支腿放置后，有时会出现接地指示灯不亮的情况，这是因为水平支腿内框与水平支腿外框之间卷进冰雪而造成的偶发故障。此时，可重复作几次支腿进出动作，除去冰雪即可恢复正常。支腿收回时，也可能出现接地指示灯不熄灭的情况，可采用同样的方法排除故障。

（4）作业完毕后，路面和支腿的底座之间的支腿垫板可能会冻结粘在一起，这时进行支腿回收作业会使车体倾斜或因冻结的支腿垫板损坏支腿。应先敲打支腿垫板，除去冻结点后再回收支腿。

二、取力操作

取力装置位于发动机变速箱左侧，由离合器操作手柄、取力箱和油泵组成。取力装置将汽车发动机动力输出至液压系统油泵，通过扳动离合器操作手柄使取力齿轮与汽车变速箱取力输出齿轮啮合或分离，从而使油泵工作或停止。

取力装置只能在液压系统需要工作时才能使用，因此在操作液压系统时应先完成取力操作。取力操作流程如图3-39所示。

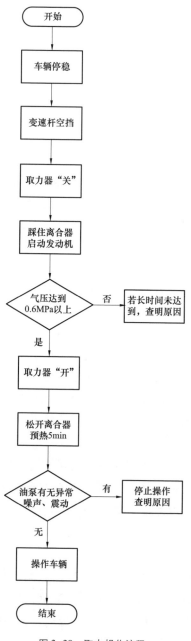

图 3-39　取力操作流程

（1）绝缘斗臂车取力操作前需确认变速杆置于空挡，手刹已挂好，取力器开关扳至"关"位置后，将离合器踏板踩到底，启动发动机。

（2）观察气压表，当压缩空气压力达到 0.6MPa 以上时，如图 3-40 所示，踩住离合器踏板，将取力器气动控制开关扳至"开"的位置。此时计数器开始启动，指示车辆液压系统的累计使用时间。

图 3-40　气压表

（3）缓慢松开离合器踏板，取力器和油泵之间的传动轴转动，油泵产生油压。观察油泵有无异常噪声、震动、渗油等现象，在温度较低的季节时，在此状态下进行 5min 左右预热运转，确保油压正常。如室外温度低于 0℃，应先预热液压油。在液压油温度升高到运行标准以前，发动机和液压泵的速度应不超过怠速转动速度。液压油温度较低时，较为黏稠，流动性差，可能造成上装动作反应延迟，快速运转会导致液压泵损坏和气穴现象。

注意

（1）为了防止取力器的破损，把取力器置于"接"（ON）位置时，不要踩踏油门。

（2）为了降低车辆电量的损耗，将驾驶室内不必要的电器电源开关关闭。

（3）发动机的油门踏板要缓慢复位。如不复位，在作业状态下，油门将无法调整。

三、支腿分类与操作

绝缘斗臂车的稳定性是由多种因素决定的，包括底盘尺寸和重量的分布以及上装安装在底盘上的位置。绝缘斗臂车通常配有支腿，支腿的几种常见类型在第二章已经详细介绍，这里我们重点介绍几种常见支腿的操作方法。

绝缘斗臂车通常会配有支腿报警系统，启动支腿开关时，系统会发出声音报警或闪光报警提醒周围人员注意。操作人员应该根据实际条件、工作规程以及操作经验合理地操控支腿。操作支腿之前，应确保支腿附近没有人员或其他障碍物。

注意

（1）如果绝缘斗臂车支腿设置不可靠，车辆有可能倾覆。

（2）接触正在移动的支腿可能导致人员重伤或死亡。

（一）A型支腿的操作

A型支腿包括外支腿和内支腿，外支腿固定在车架上，内支腿内置于外支腿中，通过液压缸实现内支腿的伸缩。这种结构使得A型支腿油缸外伸量越大支腿跨距越大。操纵阀一般位于车体尾部两侧，每只手柄控制一条支腿的伸缩。

1. A型支腿的操作说明

A型腿操作手柄如图3-41所示。

操作步骤：

（1）根据支腿组合操纵阀指示标牌，扳动选择阀切换到"支腿"位置连通支腿油路。

（2）操作车体左侧操作手柄，"左前""左后"。在地面合适位置放置垫板，确认支腿和垫板之间没有异物后，左侧支腿伸出，接触垫板后继续伸出，使支腿受力。

（3）操作车体右侧操作手柄，"右前""右后"。在地面合适位置放置垫板，确认支腿和垫板之间没有异物后，右侧支腿伸出，接触垫板后继续伸出，使支腿受力。

（4）重复（2）、（3）步骤操作，控制操纵手柄使左右侧支腿交替伸出，直至前后轮胎完全离地。检查确认所有支腿完全承力，检查坡度指示器确认车辆停放水平。

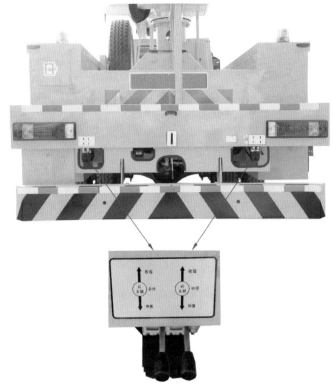

图 3-41　A 型支腿操作指示标牌及手柄

（5）当支腿全部调整完毕后，操纵手柄应恢复到原始位置。

（6）收回支腿的顺序，按照（2）、（3）步骤相反的顺序进行收回操作，收回后，各操作手柄一定要扳回原始位置。

2. 斜坡停放操作说明

如图 3-42 所示，以 A 型支腿为例说明斜坡停放操作方法，其他类型支腿的斜坡停放方法原理相同。

操作步骤：首先将较低侧支腿伸出至一个稳定的工作面，因为只有当较低侧支腿伸出至一个稳定的工作面后，才能伸展更高侧支腿，这样可以避免车辆倾覆。较高侧的支腿到达地平面后应继续伸展一定距离，用以消除轮胎的变形，然后再伸展较低侧支腿，来调整车辆的水平度。

车辆在斜坡上调平时高侧支腿单侧跨距会减小，作业稳定性会变差，因此在调平过程中应尽量避免缩回较高侧的支腿，尽可能伸展较低侧的支腿，同时将车辆保持在坡度指示器所规定的范围内。如车辆已达到水平位置，则无需再

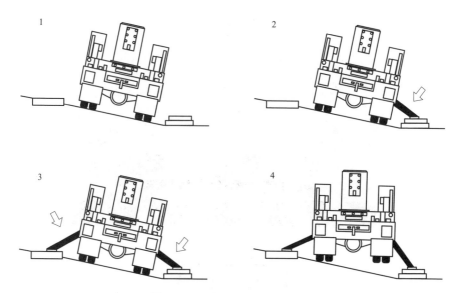

图 3-42　A 型支腿斜坡停放示意图

伸展较低侧支腿。

　　在上述支腿操作不能满足车辆调平的情况下，则需使用额外的垫板。垫板必须稳妥地摆放，使其能够支撑车辆以及载荷，确保不会打滑或失效。然后按照要求设置支腿，直到坡度指示器显示在规定范围内。

　　为确保支腿能够适当伸展，在较高侧支腿到达平面之后，使其继续伸展至满足稳定操作的合适跨度，这可能导致车辆轮胎脱离地面。设置支腿时必须考虑到在斜坡上轮胎对车辆稳定性和地面摩擦力的影响。

　　（二）H 型支腿的操作

　　H 型支腿，由水平支腿和垂直支腿组成，水平支腿可以水平伸出，垂直支腿则垂直撑地。根据支腿操纵阀指示标牌，扳动代表 4 个方向支腿位置的"左后""左前""右后""右前"操纵手柄到"水平油缸"或"垂直油缸"，然后扳动"伸""缩"位置的手柄位置即可实现四个支腿水平、垂直方向的伸缩。

　　两种类型的 H 型支腿操作指示标牌及手柄如图 3-43、图 3-44 所示。

　　操作步骤：

　　（1）水平支腿操作。在 4 个操作手柄中，选出欲操作的水平支腿转换手柄，切换至"水平"位置；"伸缩"操作手柄向下扳至"伸出"位置，水平支腿伸出。水平支腿设有不同跨距的绝缘斗臂车，根据不同跨距，臂的作业范围会在

图 3-43　H 型支腿操作指示标牌及手柄类型一

控制器的作用下做相应的调整。没有设置支腿跨距传感器的作业车，水平支腿一定要伸出到最大跨距，否则有倾覆的危险。水平油缸伸出的过程中，应逐条进行确认。

（2）垂直支腿操作。将 4 个操作手柄向上切换到"垂直"位置；确认支腿和垫板之间没有异物后，"伸缩"操作手柄向上扳至"伸出"位置，垂直支腿伸出，检查确认垂直支腿着地指示灯亮。

（3）调整各垂直支腿伸出量，至车轮全部离开地面。通过坡度指示器调整至整车水平，并检查确认各个支腿已可靠撑地。

（4）车辆调平后，所有操作手柄扳回到原始位置。

（5）收回支腿按照先"垂直支腿"后"水平支腿"的顺序，与（1）、（2）步骤操作顺序相反。支腿收回后，各操作手柄扳回原始位置。

图3-44　H型支腿操作指示标牌及手柄类型二

（三）蛙型支腿的操作

蛙型支腿主要由固定支座、活动支腿组成。固定支座与车架相连，活动支腿铰接在固定支座上，由液压缸带动活动支腿绕铰接点旋转。其操作方法与A型支腿完全相同。但由于其展开轨迹为圆形，支腿外伸最大值出现在活动支腿水平时。所以随着油缸的伸出，活动支腿转至水平面以下，支腿跨距反而减小。

（四）其他类型支腿的操作

目前的绝缘斗臂车的支腿形式重点以上面三种为主，其他类型的支腿，比如X型支腿、摆动式支腿、辐射式支腿的操作方式类似于A型或蛙型支腿的操作形式。

（五）支腿一键伸出与回收系统

目前部分车辆装配有支腿一键伸出与回收系统，如图3-45所示。操作时，四条支腿同时伸出与回收，提高了支腿效率。

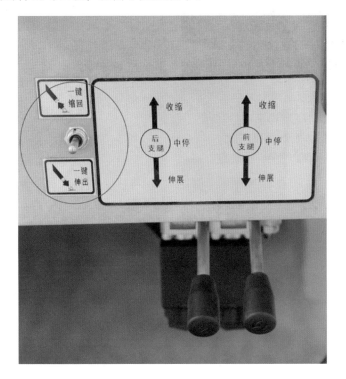

图 3-45　支腿一键伸出与回收系统

四、接地操作

绝缘斗臂车的接地主要有以下作用：一是防止静电感应或车辆绝缘不合格，泄漏电流过大，导致车体与大地存在电位差，而导致车体周围地面人员接触车辆造成触电伤害；二是避免泄漏电流对车辆油路系统造成影响。绝缘斗臂车接地装置应包含有车体连接装置、接地线以及临时接地极。绝缘斗臂车接地线应用有透明护套的多股软铜线和专用线夹组成，截面积不小于 $16mm^2$。若杆塔无接地引下线时，可采用截面积大于 $190mm^2$（如 $\phi16mm$ 圆钢）、地下深度大于 0.6m 的临时接地极。接地操作如图 3-46 所示。

支腿结束后，将地线盘的接地夹子固定在接地极上，使绝缘斗臂车可靠地接地。绝缘斗臂车术可靠接地前，不得进行带电作业，也不得在靠近带电导线的区域作业。接地线要定期检查，确保没有断线。

(a)   (b)

图 3-46　接地操作

（a）接地线；（b）接地线装设位置

第五节　车辆上装安全操作

绝缘斗臂车的上装操作主要包括下部操控系统的操作、绝缘斗部操控系统的操作。

一、下部操控系统的操作

在作业之前，操作人员必须使用下部操控系统进行空斗试操作，确认绝缘斗臂车的液压传动、回转、升降、伸缩系统工作正常，操作灵活，制动可靠。

无论是美系还是日系车辆，下部操作均需首先选择类似"下部优先"或"转台"等功能，之后再选择相应的运动功能按钮或者操作手柄。美系车辆的下部操作通过操作手柄（机械操控）实现，而日系车辆则是通过电控开关来实现。

（一）日系伸缩臂式绝缘斗臂车下部操控系统

日系伸缩臂式绝缘斗臂车下部操控面板如图3-47所示。

图 3-47　日系伸缩臂式绝缘斗臂车下部操控面板

1. 下部优先操作

对于日系伸缩臂式绝缘斗臂车，"下部优先"开关打开后，会使液压油流向转台组合阀，进而通过下部操作来实现绝缘斗臂车的一些功能操作。此时即使按住绝缘斗部操控系统的动作停止开关，也可进行下部操作。

以下情况进行下部优先操作：

① 在下部操作装置进行工作臂操作时；

② 在绝缘斗部操控系统操作装置无法进行动作时；

③ 解除绝缘斗部操作装置的操作。

注意

　（1）接通下部优先开关时，超载防止指示器（AMCS 指示器）上有文字表示。

　（2）在下部操控系统进行应急泵操作时，即使不接通下部优先开关也可以进行工作臂操作。

2. 工作臂升降与伸缩操作

对于伸缩臂式绝缘斗臂车，操作时需先"起伏"开关打到"上"位置，工作臂升起，之后将"伸缩"开关打到"伸"位置，工作臂伸出。

3. 工作臂转台操作

按照操作面板指示，在下部操作面板处选择"旋转"操作手柄或开关进行顺、逆时针回转。绝缘斗臂车上的回转系统通常具有自锁功能，即使液压马达没有液压动力，转台可以固定在某一位置。

> **注意**
>
> （1）从初始状态进行工作臂操作时，先进行升降操作，使工作臂脱离工作臂托架。初始状态下的工作臂，无法进行回转操作。
>
> （2）车辆倾斜状态下进行回转作业时，回转可能不顺畅。

4. 工作臂自动回收操作

部分车辆装配工作臂自动回收装置，操作人员接通下部优先开关并将工作臂自动收回开关持续接通"动作"侧时，工作臂将按工作臂"收缩—回转—降下"的顺序自动动作，工作臂回收到工作臂托架上。将工作臂自动收回开关复位到初始位置时，工作臂动作停止。

工作臂的自动回收功能不包含工作斗归位，所以在使用一键回收之前，须确保工作斗回到初始位置。

> **注意**
>
> 工作臂的回转角度位置不在初始位置（工作臂托架）附近，且工作臂升降角度大于15°时，工作臂才能执行自动回收。在此范围内接通开关，在超载防止指示器（AMCS）内有动作中的文字提示。如果工作臂回转位置在初始位置附近或升降角度在15°以内时，无法执行自动收回操作。这时，可用操作手柄进行操作或工作臂升至15°以上后，再执行自动收回操作。

5. 互锁解除操作

绝缘斗臂车在作业的过程中，如果无法进行工作臂的操作时，将互锁解除开关拨往"工作臂"侧，同时回收工作臂。

工作臂回收，支腿也无法收回时，将互锁解除开关拨往"支腿"侧，同时回收支腿。

> **注意**
>
> （1）除应急状态外不准解除互锁，否则有车辆倾覆危险。
>
> （2）将互锁解除开关拨往"工作臂"时，即使未设置支腿，也能操作工作臂。但若绝缘斗臂车存在倾覆危险，作业前务必先设置支腿。

（二）美系折叠臂式/混合式绝缘斗臂车转台操控系统

美系折叠臂式/混合式绝缘斗臂车转台操作面板如图 3-48 所示，转台操控效果图如图 3-49 所示。

图 3-48　美系折叠臂式/混合式绝缘斗臂车转台操控面板

（a）类型一；（b）类型二；（c）类型三

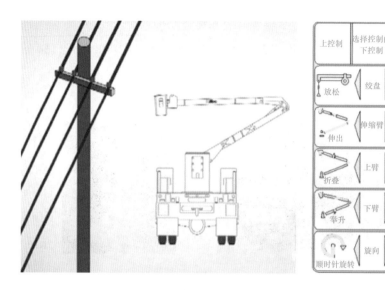

图 3-49　转台操控效果图

1. 选择转台操作

美系车辆将操作手柄扳至"下控制"或者"转台"，会使液压油流入支腿控制阀或工具控制阀。以此来实现绝缘斗臂车的一些功能操作。在带电作业过程中，如发现有危险情况危及人员安全时，转台操作人员可将操作开关扳至"下控制"紧急处理。

2. 工作臂升降与伸缩操作

对于折叠臂式或者混合式车辆，升臂操作按照先上臂后下臂的原则，首先将"上臂升降"操作手柄扳至"升"，上臂上升，再将"下臂升降"操作手柄扳至"升"，下臂上升。对于混合式绝缘斗臂车，将"伸缩"操作手柄扳至"伸"，伸缩臂伸出。

3. 工作臂转台操作

按照操作面板指示，选择"旋转"操作手柄或开关进行顺、逆时针回转。

4. 绞盘操作

选择"绞盘"操作手柄，扳至向右，绞绳收紧；扳至向左，绞绳放松。

注意

（1）通常转台处的卷扬手柄仅用于紧急卷扬操作或者稳定性测试。

物料吊运期间重物掉落可能导致地面人员重伤或者死亡。提升重物时，禁止人员站在吊臂的下方。

（2）绞盘操作急停有可能引发事故。操作手柄的时候需平稳的操作，抓住并移动控制手柄至所需位置。随着控制手柄移动，将依据控制手柄移动距离按比例决定各功能的速度。

5. 紧急停止

在转台操作处设有急停装置。在紧急情况下，可以通过转台操作实现上装紧急停止动作。

（三）发动机的远程启停以及应急操作

1. 远程启停操作

绝缘斗臂车的转台操作配有"发动机的远程启动/停止"系统，在转台处，拨动并按住标有"启动/停止"的开关，直至车辆发动机启动为止。

2. 应急操作

当发动机主泵不能工作时，通过车辆蓄电池或辅助蓄电池向直流泵供电，用于车辆的应急收回。直流泵的操作时间取决于蓄电池的容量。操作流程如图3-50所示，单次应急操作时间应在30s以内，下次动作间隔时间要在30s以上。

在转台处，操作直流泵拨动开关，同时操作绝缘斗臂车的液压控制阀来实现上装的具体动作。操作时，可以听到直流泵运行的声音。由于直流泵的流量较低，机器各功能运行速度缓慢。使用应急回收系统时，首先驱动工作斗保证工作人员安全到达地面，然后再回收上装。

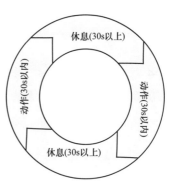

图3-50 直流泵操作流程

注意

（1）直流泵仅用于应急回收。严禁在常规作业（液压系统含有较高的负载的情况下）中使用或不按照规定周期使用应急泵，否则会损伤应急泵或马达。

（2）突然逆转方向、启动或者停止可能导致人员伤害和财产损失。

二、绝缘斗部操控系统的操作

（一）日系伸缩臂式绝缘斗臂车绝缘斗部操控系统

日系伸缩臂式绝缘斗臂车绝缘斗部操控系统大多为电液比例控制形式，其中一种操作面板如图 3-51 所示。

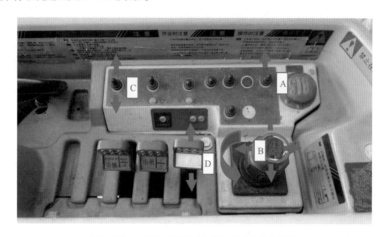

图 3-51　一种日系伸缩臂式绝缘斗部操控面板

1. 接通电源

将"电源"钮子开关（如图 3-51 中 A 所示）扳至向上，接通电源，面板右上方指示灯变亮，否则无法进行上部操作。

2. 电瓶检验

将电瓶检验开关接入"电瓶检验"侧，确认电瓶两个指示灯是否都亮。如果没有亮或只有一个亮时，请更换电瓶或进行电瓶充电操作。

3. 工作臂操作

工作臂操作集成在一个立式的操作手柄，操作简单省力。操作时选择工作臂操作手柄（如图 3-51 中 B 所示），向上扳，绝缘臂升起；向下扳，绝缘臂回落；向左扳，绝缘臂伸长；向右扳，绝缘臂缩回。转台操作通过旋转手柄，顺时针旋转，转台架顺时针转动；逆时针旋转，转台架逆时针转动。扳动及旋转手柄时，动作幅度要轻缓，防止绝缘臂大幅摆动。在工作臂回收状态时，将状态操作开关置于"开"，蜂鸣器会报警，直到工作臂升起脱离工作臂托架后，响声停止。

注意

在液压油温度高的情况下，把工作臂伸长放置一段时间后，工作臂可能会稍微回缩，工作臂升降操作时也会有相同现象，这是由于液压油温度的变化引起的，并不是故障。

4. 工作斗操作

选择"绝缘斗升降"操作开关（图 3-51 中 C 所示），向上扳，绝缘斗下降；向下扳，绝缘斗上升。选择"绝缘斗回转"操作开关（图 3-51 中 D 所示），向上扳，绝缘斗顺时针转动；向下扳，绝缘斗逆时针转动。

5. 备用电源操作

当主电瓶电量降至规定值内时，将无法进行工作臂操作。这时将备用电源开关置于"开"的同时，收回工作臂，用充好电的主电瓶予以更换。需要注意的是备用电源不得用于常规作业。

（二）美系折叠臂式/混合式绝缘斗部操控系统

全液压控制操作台的工作臂操作手柄可实现上下、左右和前后方向的操作，对应工作臂相应的升降、伸缩、旋转等功能，如图 3-52 所示。该操作手柄设置有开关，按下开关操作时工作臂相应运动。在操作工作臂时，既可以通过调节操作手柄的幅度，也可以通过调节开关的张合程度来控制工作臂运动速度，避免绝缘臂发生大幅晃动。操作手柄操作示意图如图 3-53 所示。

1. 工作臂操作

在进行斗臂车操作前，确认下部操作台操作手柄扳至"上控制"或者"平台"位置。

升臂操作时，首先将操作手柄开关闭合，按照手柄指示先升上臂后升下臂，降臂操作顺序相反。为快速进入工作位置，可将速度调节按钮按下，调至快速挡，达到区域后，必须将按钮恢复至慢速挡。为保证转移工位时操作平稳，下臂与平行面保持一定角度，不可过小。在作业中应尽量避免将上臂长时间置于极限位置。

绝缘斗臂车大部分车型的工作臂可做 360° 全回转。在进行回转操作前，应先确认转台和工具箱之间是否有人或其他障碍物。绝缘斗臂车在倾斜状态下进行回转操作时，可能会出现回转不灵活，甚至会出现绝缘臂不动作的情况。

2. 工作斗操作

操作工作斗的"升降""倾斜""旋转"等操作手柄，可以实现在作业位置

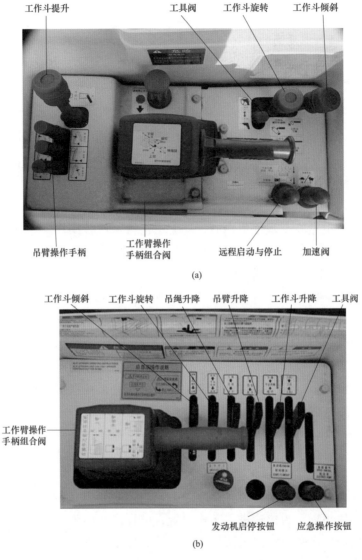

图 3-52　美系折叠臂式/混合式绝缘斗部操控面板

(a) 操作面板一；(b) 操作面板二

进行局部调节。在带电作业工位调整过程中，特别是在高空作业环境狭小、绝缘臂动作受到限制的情况下，工作斗操作是增大作业范围的重要手段。

工作斗配有旋转机构。旋转机构可实现绝缘斗以连接点为圆心，进行多角度转位。车辆行驶前须收回工作臂，且将工作斗旋转至其初始位置，配有固定

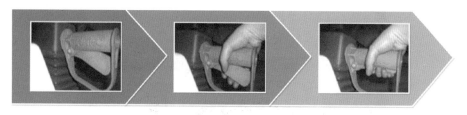

图 3-53 操作手柄操作示意图

带的工作斗应固定牢靠，避免工作斗与车辆底盘发生碰撞，造成损伤。

由于人员以及工具重量的影响，可能会出现工作斗稍微倾斜现象，可以通过调倾控制功能调平工作斗。

正常操作期间，如果工作斗未能调平到 5°以内，说明平衡系统可能出现故障，应先查明原因并排除故障后方可继续操作。

工作斗向下倾斜时，严禁提升上臂，这可能会对调倾回路造成高压，迫使液压油流入平衡保持阀而溢流。

（三）发动机远程启停操作

绝缘斗臂车配有的启动/停止系统可以远程启动/停止发动机。目前绝缘斗臂车部分车型配备一个应急系统和一个发动机启动/停止系统，两个系统可安装在同一个电路中。在平台处操作时，通过推动标有"启动/停止"的空气活塞杆实现启动或停止发动机。如需启动，向下按住活塞杆，车辆发动机启动。日系、美系绝缘斗臂车发动机启停按钮分别如图 3-54、图 3-55 所示。

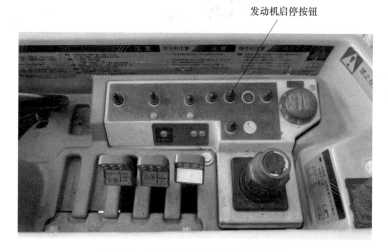

图 3-54 日系绝缘斗臂车发动机启停按钮

发动机启停按钮

图 3-55 美系绝缘斗臂车发动机启停按钮

（四）吊运操作

1. 载荷确定

吊运系统的提升载荷由工作臂的角度、吊臂与水平面的夹角以及工作斗内的载荷决定。吊臂在工作中某一位置可起吊的最大载荷可根据以上因素进行计算。在实际使用过程中，厂家已经通过设置载荷指示器进行相应的指示，如图 3-56 所示。

 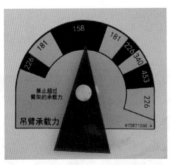 

图 3-56 载荷指示器

2. 起吊注意事项

吊臂应视为非绝缘物体。在作业过程中，禁止吊臂同时接触两个非连通的带电体或同时接触带电体与接地体，且起吊重物时禁止移动工作臂。

在起吊重物之前必须对重物重量进行测算，禁止提升重量不明物体。起吊重物时，必须缓慢谨慎操作。

　　在带电作业过程中严禁使用绝缘斗臂车的工作斗对重物进行支撑。违章操作时物体重量通过工作斗、臂连接点传导至工作臂容易造成损伤或断裂；而使用吊臂起吊时，工作斗臂连接点不受力。此外，由工作斗进行重物支撑时，相当于工作臂的受力力矩增大，起吊载荷降低，容易造成车辆倾覆，所以起吊重物时，应使用吊运系统。工作斗与工作臂连接如图 3-57 所示。

吊臂连接处　　　　　　　　　　　　　　工作斗连接处

图 3-57　工作斗与工作臂连接

3. 吊臂装置的使用注意事项

（1）如吊绳潮湿，为了保证绝缘耐电压性能，应充分干燥并经试验合格后方可使用。

（2）吊绳外层松弛，其机械强度会降低，应将吊绳拉平后使用。

（3）小吊卷筒上吊绳应整齐。

（4）吊绳使用之前必须进行外观检查。

（五）液压快速接头操作

　　液压快速接头是为油压工具（液压锯、扭力扳手等）提供液压动力的连接装置。绝缘斗臂车液压工具接口的压力通常为 13.7MPa。

1. 油压工具操作步骤

（1）确认软管接头和油压工具的接头形状，严禁混淆高压侧和回油侧的连接。

（2）确认油压取出口的最大喷出流量和油压工具所需流量相符。

（3）连接油压出口软管接头及油压工具。

（4）将"工具阀"打开，为油压工具提供动力。

2. 液压快速接头操作注意事项

（1）装卸油压软管时，请将附属装置手柄扳至原始位置。

（2）液压软管禁止扭曲或弯折。

（3）检查确认油管无损坏，如有损坏及时更换。

（4）装卸软管时，将接头滑环的缺口对准定位销。

（5）软管接头上不要附着灰尘、泥土，禁止划伤。

第四章

绝缘斗臂车的维护保养与试验

绝缘斗臂车在带电作业工作中起主绝缘作用，车辆正常运行是带电作业工作人员安全操作的根本保障，是保证作业过程中人身、电网、设备安全的基本要求，绝缘斗臂车的任何故障及损坏都可能引发安全事故。因此，绝缘斗臂车必须严格按照程序进行保养维护与试验，作业人员需要熟知绝缘斗臂车不同时期、各个部件的保养维护周期及方法，以及试验周期和判定标准。

保养项目和保养周期还需根据车辆的使用频度以及环境进行调整确定。因不同车型的绝缘斗臂车的制造工艺不同，作业人员应特别注意生产厂商关于保养和维护方面的具体建议及要求，加强车辆管理，保证车辆始终满足安全运行条件。

第一节　车辆日常检查保养

绝缘斗臂车在使用前，司机或操作人员应用肉眼先将整车检查一遍。检查人员应经过专门培训并确认具备资格，才可担当检查工作。

对绝缘斗臂车的一切可疑部位均应仔细检查，经检查后，发现问题应由受过专业训练的人员判断车辆是否存在结构损坏等严重缺陷和故障。车辆使用之前，所有的不安全点必须进行处置或修理，并经检验合格后方可使用。车辆日常检查保养表见附录一。

一、底盘日常检查保养

（一）外观

检查汽车轮胎气压和损伤情况，若发现气压不足应及时补充，若有损伤应进行维修或更换。

检查车轮螺母是否松动。如图 4-1 所示。

图 4-1　车轮螺母检查

检查底盘弹簧是否损伤。如图 4-2 所示。

图 4-2　底盘弹簧检查

检查蓄电池内电解液是否正常。

检查机油、水、燃油等是否泄漏，及时进行补充和更换。

（二）驾驶室

检查方向盘的自由行程和稳固情况。如果车辆装有动力转向器，则应在发动机运转的状态下检查方向盘的自由行程。

检查离合器踏板和制动踏板的自由行程和功能。

检查驻车制动杆的行程是否正常。

检查喇叭、转向信号灯、燃油表等各仪表和指示灯能否正常工作。

挡风玻璃刮水器、检查储液箱内制动液液位是否正常。若需补注制动液，应使用厂家推荐型号。

（三）发动机室

检查机油油位是否正常。检查时拉出量油尺，擦干净后放回，然后拉出并检查油位是否在高低限的两个油位标记之间，同时检查油尺杆上机油的污染程度。检查机油的油位时，汽车应停放在平坦的道路上，而且发动机处于停止状态。

检查风扇皮带的松紧程度。若皮带张力过小，会引起蓄电池充电不足或发动机过热；而皮带张力过大，则会引起交流发电机或三角皮带的损坏。

检查发动机冷却液液位是否正常，散热器盖是否松动。发动机冷却液液位应在发动机降温后检查。若需补注和更换冷却液，应使用生产厂家推荐的型号。

发动机启动后检查是否有异响。

二、上装日常检查保养

在所有检查工作中，首要的任务是检查并确认绝缘斗臂车绝缘部件的绝缘试验是否在有效期内。

（一）液压系统

检查液压油缸、安装销轴、平衡阀、液压操作阀、液压马达等是否有渗油及漏油现象。如图4-3所示。

图4-3　液压油缸渗油检查

检查液压软管、钢管及接头有无渗油及漏油现象。如图4-4所示。

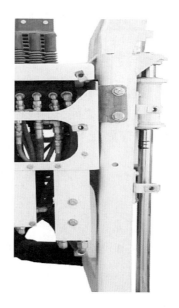

图 4-4　液压油管及接头渗油检查

（二）绝缘部分

用肉眼检查绝缘部件表面的损伤情况。如图 4-5 所示。绝缘部件的损坏包含由于陡然撞击而产生的裂缝、绝缘剥落，以及玻璃纤维裸露、破洞和划痕，还有与树枝、电线杆等尖锐物体相撞击而产生的开裂痕迹，及因超载而引起的上下臂连接处或靠近钢制连接件部分出现的裂缝、隆起等。

图 4-5　绝缘部件表面检查

检查绝缘外斗的底板、绝缘臂是否有脏污或其他可能会损坏外斗的物体，并将绝缘斗内材料碎片和剥落物清除干净。如图 4-6 所示。绝缘斗臂车的绝缘部件应保持洁净，如绝缘部件表面沾染了较小的污垢，可以用不起毛的布擦拭干净。如果需要，可以采用洁净布蘸少许异丙醇或其他合适的溶剂轻轻擦拭。溶剂不可过多使用，否则将会软化绝缘部件外表面的绝缘漆涂层，进而影响其绝缘性能。

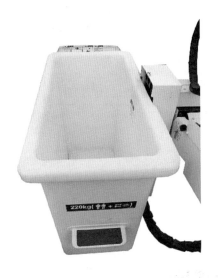

图 4-6　绝缘斗外观检查

通常，车库或服务中心使用的是生产厂商推荐的中性清洁剂，但必须注意，这些中性清洁剂可能留下的残留物将会影响绝缘物表面。不得使用带有毛刺或具有研磨作用的擦拭物。

如果绝缘部件异常脏污，可按下述条件采用高压热水冲洗：

① 水温不超过 50℃；

② 压力不超过 690kPa。

带电作业用绝缘斗臂车暴露在污染环境中，由于雨水、路面灰尘、腐蚀和其他大气污染将会影响绝缘斗、臂的绝缘性能，降低其绝缘耐受水平。长时间的紫外线照射也会影响其绝缘性能。因而，针对绝缘斗、臂部分较长时间暴露在恶劣环境中的问题，可以在运输和库存过程中采用防潮保护罩进行防护。

为了保护绝缘斗、臂等绝缘件的结构完整，应使用防磨损垫。

（三）支腿

检查支腿有无渗油、漏油现象。如图 4-7、图 4-8 所示。

检查支腿油缸销轴和销轴挡圈有无缺失。

图 4-7　支腿油管接头渗油检查　　　　　　　图 4-8　支腿油缸渗油检查

检查支腿滑块有无松动现象。如图 4-9 所示。

图 4-9　支腿滑块检查

（四）操控功能

　　检查支腿是否操控灵活，有无卡滞，并检查支腿与其他操控系统互锁功能是否正常。

　　绝缘斗臂车在使用前应空斗试操作一次，确认液压传动、回转、升降、伸缩系统工作正常，操作灵活，制动装置可靠。检查中应注意是否有液体渗出、液压缸有无渗漏、异常噪声、工作失灵、不稳定运动或其他故障。

　　部分车型具有超越中心功能，使用前应检查其功能是否正常。

　　为了保证安全，应检查并操作备用电源、发动机的远程启动和紧急制动系统的灵活及可靠性，还应检验可视和音响报警装置。

第二节 车辆每周检查保养

为方便高效处理缺陷和失灵，绝缘斗臂车每周检查保养应在车库或服务中心进行。车辆每周检查保养表见附录二。

（一）整车项目

检查位于转折处的焊缝裂纹、锈蚀或变形，如图 4-10 中所示为上装转折处重点检查部位。

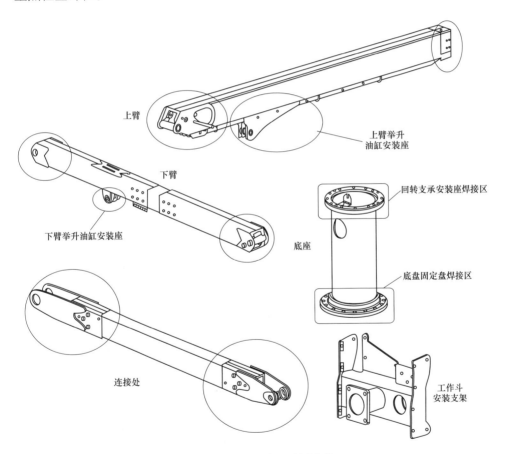

图 4-10 上装转折处重点检查部位

检查上装紧固件是否移位，如图 4-11 所示为重点检查部位。图 4-12 以旋转马达安装螺栓检查为例进行了说明。

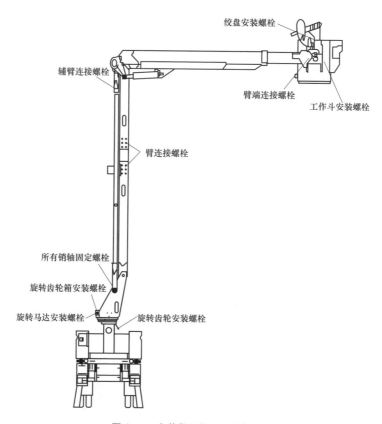

图4-11 上装紧固件重点检查部位

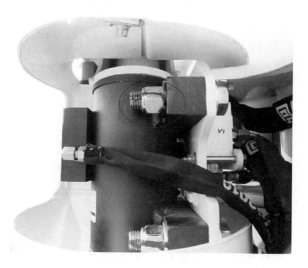

图4-12 旋转马达安装螺栓检查

检查铰轴点的销轴装置是否移位和缺失，如图4-13所示。

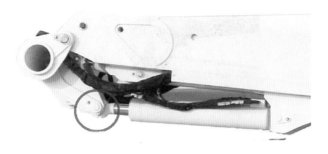

图4-13　绝缘臂提升油缸铰轴点的销轴检查

检查液压油标高的状态，如有损坏，及时维修并更换。如图4-14所示。

图4-14　液压油标高状态检查

检查真空保护、通风过滤装置的状态，如有损坏，及时维修并更换。

检查吊绳是否有磨损，根据厂家规定的磨损程度确定是否更换。如图4-15所示。

检查工作臂、工作斗选择开关是否正常。

对上装紧固件进行扭矩校验，检查液压缸的闭锁阀功能是否正常。

图4-15　吊绳检查

（二）工作斗项目

工作斗若存在脏污、损伤、绝缘剥落、深度划痕等缺陷，内斗必须从外斗中取出，将污秽物清除干净。必须查明损伤或剥落是否由机械损伤或化学因素引起。任何机械损伤都会减少内斗的壁厚，凡小于制造厂商推荐的壁厚最低值，在重新使用前，内外斗必须经过电气试验，合格后方可重新使用。

第三节　车辆定期检查保养

一、底盘定期检查保养

车辆底盘应定期检查保养，保养周期按照先到的里程表计数或月数为准。底盘保养应按照生产厂家的车辆保养说明书进行。一种车辆底盘保养日程表如表4-1所示。

表 4-1　一种车辆底盘保养日程表

保养周期：×1000km	1	5	10	15	20	25	30	35	40	45	50	55	60	65	70	75	80	85	90	95	100	保养周期或月数
4K发动机																						
*发动机机油	—	—	—	R	—	—	R	—	—	R	—	—	R	—	—	R	—	—	R	—	—	每隔3月
*机油滤清器	—	—	—	R	—	—	R	—	—	R	—	—	R	—	—	R	—	—	R	—	—	每隔6个月
燃油滤清	—	—	I	—	I	—	I	—	R	—	I	—	I	—	I	—	R	—	I	—	I	每隔12个月
*空气清器滤芯	—	—	I	—	I	—	I	—	R	—	I	—	I	—	I	—	R	—	I	—	I	每隔24个月
怠速和加速功能	—	—	—	—	I	—	—	—	I	—	—	—	I	—	I	—	—	—	I	—	I	每隔12个月
气门间隙	I	—	—	—	—	—	—	—	—	A	—	—	—	—	—	—	—	A	—	—	—	每隔24个月
燃油箱盖和燃油管的连接部位的松动或损伤	—	—	—	—	—	—	—	—	—	—	—	—	—	—	—	—	—	—	—	—	—	每隔24个月
风扇皮带的张力和损伤	I	—	—	—	—	—	—	—	—	—	—	—	—	—	—	—	—	—	—	—	—	每隔6个月
散热器冷却液（防冻液：乙二醇基）	—	—	—	—	—	—	—	—	—	R	—	—	—	—	—	—	—	R	—	—	—	每隔24个月
*排气管及其安装零件的损伤或松动	—	—	—	—	I	—	I	—	—	—	—	—	I	—	I	—	I	—	I	—	I	每隔12个月
冷却系统	—	—	I	—	I	—	I	—	I	—	—	—	I	—	I	—	I	—	I	—	I	每隔12个月
发动机工作状况	—	I	I	I	I	I	I	I	I	I	I	I	I	I	I	I	I	I	I	I	I	每隔6个月
离合器	—	—	—	—	—	—	—	—	R	—	—	—	—	—	—	—	R	—	—	—	—	每隔24个月
离合器液	—	—	—	—	—	—	—	—	R	—	—	—	—	—	—	—	R	—	—	—	—	每隔6个月
离合器踏板行程和自由行程	—	—	I	—	I	—	I	—	I	—	—	—	I	—	I	—	I	—	I	—	I	每隔3个月
变速器	—	—	—	—	—	—	—	—	—	—	—	—	—	—	—	—	—	—	—	—	—	

续表

保养周期：×1000km	1	5	10	15	20	25	30	35	40	45	50	55	60	65	70	75	80	85	90	95	100	保养周期或月数
*手动式变速器油	—	—	I	—	I	—	I	—	R	—	I	—	I	—	I	—	R	—	I	—	I	每隔24个月
齿轮控制机构的松动情况	—	—	—	—	—	—	—	—	—	I	—	—	—	—	—	—	—	I	—	—	—	每隔24个月
齿轮控制缆索	—	—	—	—	A	—	—	—	A	—	—	—	A	—	—	—	A	—	—	—	A	每隔12个月
传动轴																						
*万向节和滑动盒	—	—	—	—	L	—	—	—	L	—	I	—	L	—	—	—	L	—	—	—	L	每隔12个月
连接零件的松动	—	—	—	—	—	—	—	—	—	—	I	—	—	—	—	—	L	—	—	—	I	每隔6个月
花键过度磨损	—	—	—	—	—	—	—	—	I	—	—	—	I	—	—	—	I	—	—	—	—	每隔24个月
轴承和相联零件的松动	—	—	—	—	—	—	—	—	—	—	—	—	—	—	—	—	I	—	—	—	—	每隔24个月
中间轴承	—	—	—	—	L	—	—	—	L	—	—	—	L	—	—	—	L	—	—	—	L	每隔12个月
后桥																						
*差速器油	—	—	I	—	I	—	I	—	R	—	I	—	I	—	I	—	R	—	I	—	I	每隔24个月
前桥																						
*转向主销	—	—	L	—	L	—	L	—	L	—	L	—	L	—	L	—	L	—	L	—	L	每隔6个月
转向系统																						
手动式转向器油	—	—	I	—	I	—	I	—	I	—	I	—	I	—	I	—	I	—	I	—	I	每隔18个月
OPT 动力转向系统的漏油	—	—	I	—	I	—	I	—	I	—	I	—	I	—	I	—	I	—	I	—	I	每隔6个月
OPT 动力转向液	—	—	—	—	—	—	—	—	R	—	—	—	—	—	—	—	R	—	—	—	—	每隔24个月
*OPT 动力转向系统的松动或损坏	—	—	I	—	I	—	I	—	I	—	I	—	I	—	I	—	I	—	I	—	I	每隔6个月

续表

保养周期：×1000km	1	5	10	15	20	25	30	35	40	45	50	55	60	65	70	75	80	85	90	95	100	保养周期或月数
转向节秘前桥间的同隙	I	—	I	—	I	I	I	I	I	I	I	I	I	I	I	I	I	I	I	—	I	每隔6个月
转向机构松动或破坏	—	—	—	—	—	—	—	—	—	—	—	—	—	—	—	—	—	—	—	—	—	每隔24个月
方向盘的游隙	I	I	I	I	I	I	I	I	I	I	I	I	I	I	I	I	I	I	I	I	I	每隔3个月
转向功能	I	I	—	I	I	I	I	I	I	I	I	I	I	I	I	I	I	I	I	I	I	每隔3个月
左轮校正	—	—	—	—	—	—	—	I	—	—	—	—	—	—	—	—	I	—	I	—	—	每隔24个月
OPT 动力转向输沒软管	—	—	—	—	—	—	—	—	—	—	—	—	—	—	—	—	R	—	—	—	—	每隔48个月
主制动器	—	—	—	—	—	—	—	—	—	—	—	—	—	—	—	—	—	—	—	—	—	
制动液	I	I	I	I	I	I	I	I	R	I	I	I	I	I	I	I	R	I	I	I	I	每隔24个月
制动系统的制动液泄漏	I	I	I	I	I	I	I	I	I	I	I	I	I	I	I	I	I	I	I	I	I	每隔6个月
※ 摩擦衬片和制动鼓的磨损	—	—	I	I	I	I	I	I	I	I	I	I	I	I	I	I	I	I	I	—	I	每隔12个月
※ V 摩擦块和制动盘的磨损	—	—	—	—	—	—	—	—	—	—	—	—	—	—	—	—	—	—	—	—	—	
制动踏板行程和自由行程	I	I	I	I	I	I	I	I	I	I	I	I	I	I	I	I	I	I	I	—	I	每隔12个月
管夹和软管连接部位的松动或损伤	I	I	—	—	—	—	—	—	—	—	—	—	—	I	—	—	—	—	I	—	I	每隔6个月
驻车制动器	—	I	I	I	I	I	I	I	I	I	I	I	I	I	I	I	I	I	I	I	I	每隔6个月
驻车制动器缆索	—	I	I	I	I	I	I	I	I	I	I	I	I	I	I	I	I	I	I	I	I	每隔6个月
驻车制动器的功能	—	I	—	—	—	—	—	—	—	—	—	—	—	—	—	—	—	—	—	—	I	每隔6个月
驻车制动行程	—	I	I	I	I	I	I	I	I	I	I	I	I	I	I	I	I	I	I	—	I	每隔6个月

续表

保养周期：×1000km	1	5	10	15	20	25	30	35	40	45	50	55	60	65	70	75	80	85	90	95	100	保养周期或月数
摩擦衬片的磨损	—	—	—	—	—	—	—	—	I	—	—	—	—	—	—	—	I	—	—	—	—	每隔24个月
制动鼓的磨损或损坏	—	—	—	—	—	—	—	—	I	—	—	—	—	—	—	—	I	—	—	—	—	每隔24个月
蜗轮机构的磨损或损坏	—	—	—	—	—	—	—	—	I	—	—	—	—	—	—	—	I	—	—	—	—	每隔24个月
悬挂装置																						
钢板弹簧的损坏	—	—	I	—	I	—	I	—	I	—	I	—	I	—	I	—	I	—	I	—	I	每隔6个月
车轮																						
轮销（轮胎螺栓）和车轮螺母	T	—	—	—	T	—	—	—	T	—	—	—	T	—	—	—	T	—	—	—	T	每隔12个月
轮胎钢圈的损坏	—	—	—	—	I	—	—	—	I	—	—	—	I	—	—	—	I	—	—	—	I	每隔12个月
轮毂轴承润滑脂	—	—	—	—	—	—	—	—	R	—	—	—	—	—	—	—	R	—	—	—	—	每隔24个月
轮胎的气压和损坏	—	—	I	—	I	—	I	—	I	—	I	—	I	—	I	—	I	—	I	—	I	每隔6个月
电气装置																						
蓄电池和电解液的比重	—	—	I	—	I	—	I	—	I	—	I	—	I	—	I	—	I	—	I	—	I	每隔6个月
其他																						
车灯、喇叭、挡风玻璃、刮水器和洗涤器	—	—	I	—	I	—	I	—	I	—	I	—	I	—	I	—	I	—	I	—	I	每隔6个月
车架和车身上的螺栓和螺母	I	—	—	—	—	—	—	—	—	—	—	—	—	—	—	—	—	—	—	—	—	每隔24个月
减震器的漏油	—	—	I	—	I	—	I	—	I	—	I	—	I	—	I	—	I	—	I	—	I	每隔6个月
减振器安装支架的松动	—	—	I	—	I	—	I	—	I	—	I	—	I	—	I	—	I	—	I	—	I	每隔6个月

注 I：检查，清理及视需要进行修正或更换 A：调整 T：按规定扭矩紧固 L：润滑 R：更换

按先到期的里程表计数或月数月表计数为准

在苛刻的行车条件下，车辆底盘定期保养日程表如表4-2所示。

表 4-2　　　　　　　　一种车辆底盘苛刻条件下定期保养日程表

项　目	周　期	条　件				
		A	B	C	D	A+D
发动机机油	每2500公里更换一次			●		●
发动机机油滤清器	每5000公里更换一次			●		●
排气管及其安装零件	每10 000公里更换一次	●	●		●	
空气滤清器滤芯	每20 000公里更换一次			●		
转向系统的松动或损坏	每5000公里更换一次		●			
万向节和滑动套的润滑脂	每10 000公里更换一次		●			
手动变速器和差速器油	每20 000公里更换一次		●			
制动器摩擦衬片和制动鼓的磨损	每10 000公里更换一次	●	●	●		
盘式制动器摩擦衬片和制动盘的磨损	每5000公里更换一次	●	●	●		

注　苛刻的行车条件：

A：频繁的短距离往返；

B：在崎岖路面上行车；

C：在尘土飞扬的路面上行车；

D：在严寒季节或含有盐分的道路上行车。

一种车辆底盘的润滑部位及周期如图4-16所示。

车辆除进行相关保养和润滑外，还应按规定进行年检。

二、上装定期检查保养

定期检查的周期，可根据生产厂商的建议和其他影响因素，如运行状况、保养程度、环境状况来确定。但一般正常定期检查的最大周期为12个月。

定期检查必须由受过专业训练的人来完成。除了日常检查和每周检查中所叙述项目之外，至少还要进行下列检查：

（1）结构件的变形、裂缝或锈蚀。

（2）轴销、轴承、转轴、齿轮、滚轮、锁紧装置、链条、链轮、钢缆、皮带轮等零件的磨损或变形。

（3）气动、液压保险阀装置。

润滑部位图

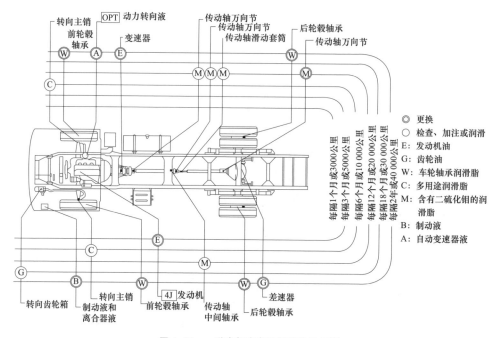

图 4-16　一种车辆底盘润滑部位及周期

（4）气动、液压装置中软管和管路的泄漏痕迹、非正常变形或过量磨损。

（5）压缩机、油泵、电动机、发动机的松动、泄漏、非正常噪声或振动、运转速度变缓或过热现象。

（6）气动、液压阀的错误动作、阀体外部的裂缝、漏洞以及渗出物黏附在线圈上。

（7）气动、液压、闭锁阀的错误动作和可见损伤。

（8）气动、液压装置的洁净程度，在系统中出现其他物质，并发生了恶变。

（9）日常检查和每周检查期间不易发现的电气系统及部件的损坏或磨损。

（10）泄漏监视系统的状况。

（11）真空保护系统的操作情况。

（12）上下两臂的运行测试。

（13）螺栓和其他紧固件的松紧状况。

（14）生产厂商特别指出的焊缝。

上装除以上检查保养内容外，还需根据厂家说明书和润滑周期表定期进行检查和润滑。适当的润滑会延长设备的使用寿命，润滑频率由车辆使用程度和操作条件来确定。在多灰尘、沙土、多雨的环境下操作时，须按照要求应提高润滑频率。

一种车型的上装润滑图如图 4-17 所示。

润 滑 图 表

根据适当的等级符号划分的维护项目。

	85 小时/1 月 △	500 小时/6 月 ○	2000 小时/2 年 □	是否拆卸 ◇
字母	润 滑 剂			施工方法
A	防咬合剂—耐特高压润滑剂，防止粘咬、腐蚀、生锈及电化点蚀			刷子
C	底盘润滑脂—多功能锂基润滑脂，具有良好的防水性、防锈性、氧化稳定性及极端压力特性			油脂枪
E	EP 80W-90 齿轮油—API 服务代码 GL-5			注入
G	开式齿轮润滑剂—可喷式润滑剂，可渗透和粘贴，具用良好的防水性，不受极端温度影响，具有极端压力特性			喷入
J	Mobil-LUX EP 0 润滑脂或等效			人工注入
K	硅质可喷式润滑剂			喷入
M	二硫化钼润滑脂—多功能锂基润滑脂，具有良好的防水性、防锈性、氧化稳定性及极端压力特性，有或无二硫化钼添加剂			刷子/油脂枪
S	通用可喷式润滑剂			喷入

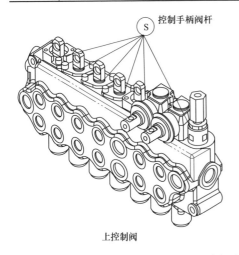

上控制阀

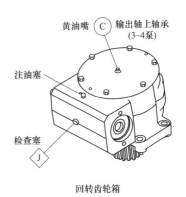

回转齿轮箱

图 4-17　一种车型的上装润滑图（一）

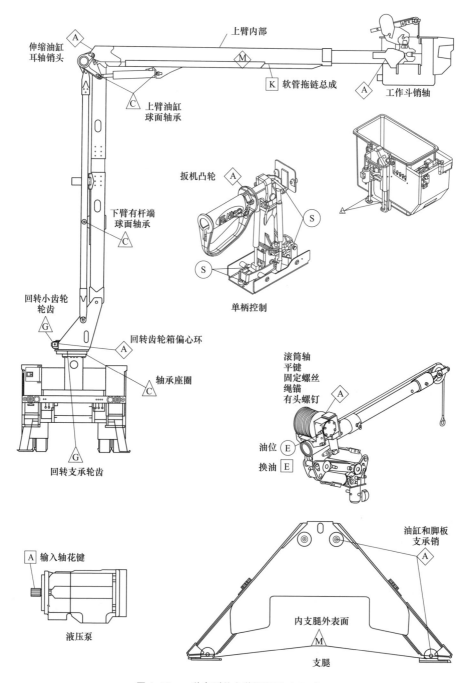

伸缩油缸
耳轴销头
上臂内部
上臂油缸
球面轴承
软管拖链总成
工作斗销轴
扳机凸轮
单柄控制
下臂有杆端
球面轴承
回转小齿轮
轮齿
回转齿轮箱偏心环
轴承座圈
回转支承轮齿
滚筒轴
平键
固定螺丝
绳锚
有头螺钉
油位
换油
输入轴花键
液压泵
油缸和脚板
支承销
内支腿外表面
支腿

图 4-17　一种车型的上装润滑图（二）

第四节　车　辆　试　验

一、试验类型

绝缘斗臂车的试验包括型式试验、出厂试验和预防性试验。

1. 型式试验

有下列情形之一的绝缘斗臂车产品应进行型式试验。

（1）新产品投产前的定型鉴定。

（2）产品的结构、材料或制造工艺有较大改变，影响到产品的主要性能。

（3）原型式试验已超过 5 年。

2. 出厂试验

出厂试验应由生产厂家进行，如用户提出要求，可参加监督。出厂时应对每辆绝缘斗臂车进行试验检测，并出具试验合格证。

3. 预防性实验

预防性试验是为了发现绝缘斗臂车的隐患，预防发生人身或绝缘斗臂车事故，按规定的试验条件、试验项目、试验周期和试验要求对绝缘斗臂车所进行的检查、试验或检测。绝缘斗臂车投入使用后，必须定期试验。

二、试验条件

1. 试验设施及环境条件

试验的设施，应有助于试验的正确实施。

应确保试验环境条件不会影响试验结果。户外试验应在良好的天气条件下进行，环境温度应在 5~40℃ 之间。电气试验时空气相对湿度不高于 80%，且风速不宜大于 3m/s。

应对试验环境条件进行检测、控制和记录，当环境条件不满足本标准要求时，应停止试验。

试验区域接地网的接地电阻应不大于 0.5Ω。

2. 试验设备

应正确配备进行预防性试验所要求的所有测量和检测设备。当需要使用规定之外的设备时，应确保满足相关标准的要求。

用于预防性试验的设备及其软件应达到要求的准确度。泄漏电流测量仪表的准确度等级应为 1.0 级或优于 1.0 级；工频耐压测量装置的准确度应符合 GB/T 16927.2 规定的要求。

试验值不得小于试验设备所用量程的 10% 或大于量程的 80%。

用于预防性试验的所有测量设备，包括对试验结果的准确性或有效性有显著影响的环境测量设备，在投入工作前应进行校准或检定；对其他设备应进行核查，确保能够满足试验的规范要求和相应的标准规范。

三、电气试验

电气试验周期为 6 个月。车辆试验合格后应出具试验报告，报告样式见附录三。

（一）绝缘工作斗试验

1. 层向耐压试验

绝缘斗层向耐压试验可采用斗内外注水和斗内外敷金属薄膜的方法，工作斗（包括内衬斗）层向耐压试验布置见图 4-18、图 4-19，斗内电极施加工频电压，斗外电极接地。

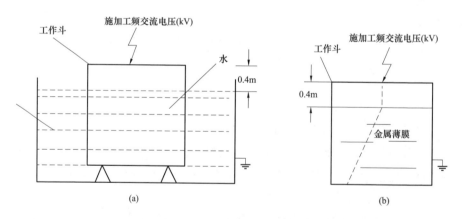

图 4-18 工作斗（包括内衬斗）层向耐压试验布置
（a）斗内外注水；（b）斗内外敷金属薄膜

2. 沿面闪络试验

工作斗沿面闪络试验布置如图 4-20、图 4-21 所示，采用 12.7mm 锡箔纸为两试验电极，上方为高压电极，施加工频电压，下方为接地电极，极间距离 0.4m。

（a）　　　　　　　　　　　　　　（b）

图 4-19　工作斗（ 包括内衬斗 ） 层向耐压试验布置现场

（a）斗外接线；（b）斗内接线

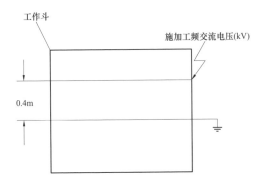

图 4-20　工作斗沿面闪络试验布置

图 4-21　工作斗沿面闪络试验布置现场

3. 泄漏电流试验

工作斗泄漏电流试验布置如图4-22所示，试验电极同工作斗沿面闪络试验，下方接地电极通过电流表接地。

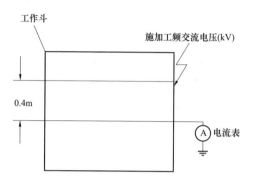

图4-22　工作斗泄漏电流试验试验布置

4. 性能要求

工作斗绝缘性能要求如表4-3所示。

表4-3　　　　　　　　　　　绝缘工作斗性能要求

试验部件	试 验 项 目					
	定型/型式/出厂试验			预防性试验		
	层向耐压	沿面闪络	泄漏电流	层向耐压	沿面闪络	泄漏电流
绝缘内斗	50kV 1min	0.4m 50kV 1min	0.4m 20kV ≤200μA	45kV 1min	0.4m 45kV 1min	0.4m 20kV ≤200μA
绝缘外斗	20kV 5min	0.4m 50kV 1min	0.4m 20kV ≤200μA	—	0.4m 45kV 1min	0.4m 20kV ≤200μA

注　1. 层向耐压、沿面闪络试验过程中应无击穿、无闪络、无严重发热（温升容限+10℃）。

　　2. "—"表示不必检测项目。

（二）绝缘臂试验

1. 工频耐压试验

绝缘臂工频耐压试验布置如图4-23～图4-25所示，试验电极同工作斗沿面闪络试验，靠近工作斗侧为高压电极，另一端为接地电极。

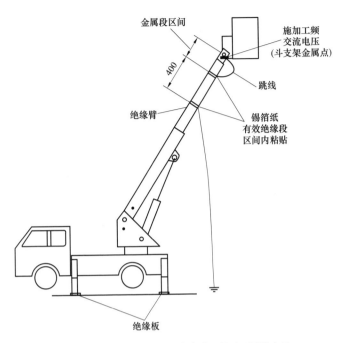

图 4-23 伸缩臂式斗臂车绝缘臂工频耐压试验布置

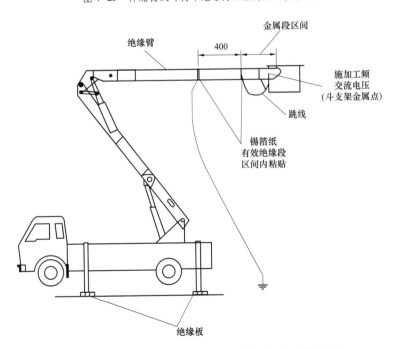

图 4-24 折叠臂式和混合式斗臂车绝缘臂工频耐压试验布置

图4-25　折叠臂式和混合式斗臂车绝缘臂工频耐压试验布置现场

2. 泄漏电流试验

绝缘臂泄漏电流试验布置如图4-26、图4-27所示，试验电极同工频耐压试验，接地电极与地之间接入电流表，极间长度0.4m，施加工频电压20kV，持续1min，泄漏电流应不大于200μA。

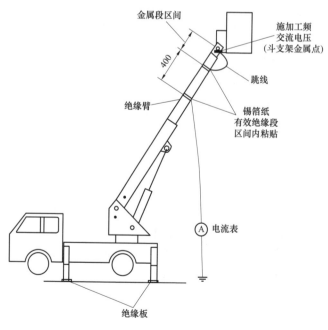

图4-26　伸缩臂式斗臂车绝缘臂泄漏电流试验布置

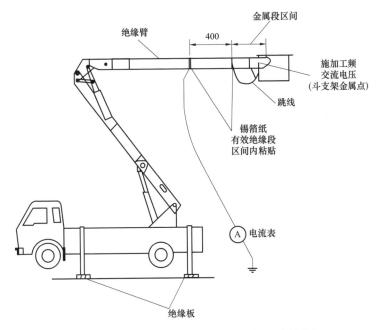

图 4-27 折叠臂式和混合式斗臂车绝缘臂泄漏电流试验布置

3. 性能要求

绝缘臂绝缘性能要求如表 4-4 所示。

表 4-4 绝缘臂绝缘性能要求

试验部件	试 验 项 目					
	定型/型式试验		出厂试验		预防性试验	
	工频耐压	泄漏电流	工频耐压	泄漏电流	工频耐压	泄漏电流
绝缘臂	0.4m 100kV 1min	0.4m 20kV ≤200μA	0.4m 50kV 1min	0.4m 20kV ≤200μA	0.4m 45kV 1min	0.4m 20kV ≤200μA

注 工频耐压试验过程中应无击穿、无闪络、无严重发热（温升容限+10℃）。

（三）胶皮管试验

1. 工频耐压试验

试验时，先将胶皮管试件浸水 24h，取出擦干后将胶皮管内注满液压油，并在胶皮管两端封上金属管套，试验电极与绝缘臂试验的要求相同，极间长度 0.4m，施加工频电压 50kV，持续 1min，试验过程中应无击穿、无闪络、无严重发热（温升容限10℃）。

2. 泄漏电流试验

通过工频耐压试验后，在接地电极与地之间接入电流表，极间长度0.4m，施加工频电压20kV，持续1min，泄漏电流应不大于200μA。

（四）液压油击穿强度试验

本项试验仅适用于绝缘斗臂车接地部分与绝缘工作斗之间承受带电作业电压的液压油。绝缘液压油的击穿强度试验应连续进行3次，油杯间隙为2.5mm，升压速度为2kV/s（匀速）、每次击穿后，用准备好的玻璃棒在电极间搅动数次，除掉因击穿而产生的游离碳，并静置1～5min（气泡消失）。在试验中，任一单独击穿电压不小于10kV、3次试验的平均击穿电压不小于20kV为合格。

（五）整车试验

1. 工频耐压试验

整车工频耐压试验布置如图4-28、图4-29所示，试验电极同绝缘臂工频试验，靠近工作斗侧为高压电极，另一端为接地电极。

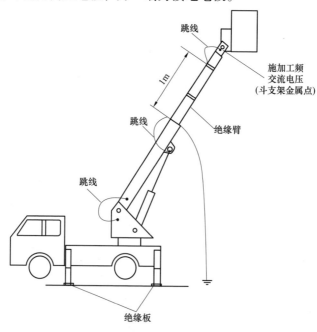

图4-28　伸缩臂式斗臂车整车工频耐压试验

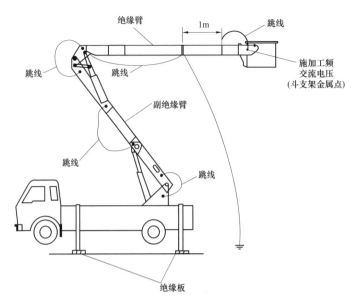

图 4-29　折叠臂式和混合式斗臂车整车工频耐压试验

2. 泄漏电流试验

整车泄漏电流试验布置如图 4-30、图 4-31 所示，试验电极同工频耐压试

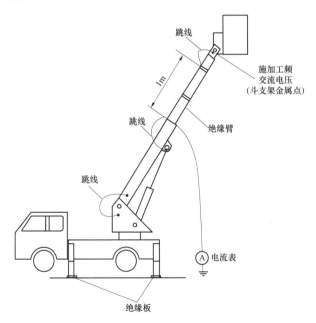

图 4-30　伸缩臂式斗臂车整车泄漏电流试验

验，接地电极与地之间接入电流表，极间长度1m，施加工频电压20kV，持续1min，泄漏电流应不大于500μA。

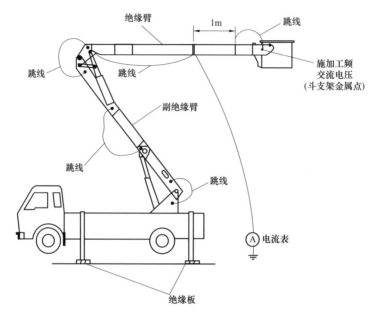

图4-31　折叠臂式和混合式斗臂车整车泄漏电流试验

3. 性能要求

整车绝缘性能要求如表4-5所示。

表4-5　　　　　　　整 车 绝 缘 性 能 要 求

试验部件	试 验 项 目					
	定型/型式试验		出厂试验		预防性试验	
	工频耐压	泄漏电流	工频耐压	泄漏电流	工频耐压	泄漏电流
整车	1m 100kV 1min	1m 20kV ≤500 μA	1m 50kV 1min	1m 20kV ≤500 μA	1m 45kV 1min	1m 20kV ≤500 μA

注　工频耐压试验过程中应无击穿、无闪络、无严重发热（温升容限+10℃）。

四、机械试验

1. 试验项目和试验周期

试验项目为额定荷载全工况试验。试验周期为6个月。

2. 试验设备

（1）测距仪一台，精度 0.5mm。

（2）重量符合试验要求的配重一套，精度±1kg。

3. 试验要求

额定荷载全工况试验即按工作斗的额定荷载加载，按全工况曲线图全部操作三遍，并测量每种工况下斗上层对地的垂直距离。若上下臂和斗以及汽车底盘、外伸支腿均无异常，测量距离符合斗臂车工况曲线图要求，则试验通过。如图 4-32、图 4-33 所示分别为 GKJS 15—35kV 伸缩臂式绝缘斗臂车、GKJZ 12.5—10kV 折叠臂式绝缘斗臂车的全工况曲线图。

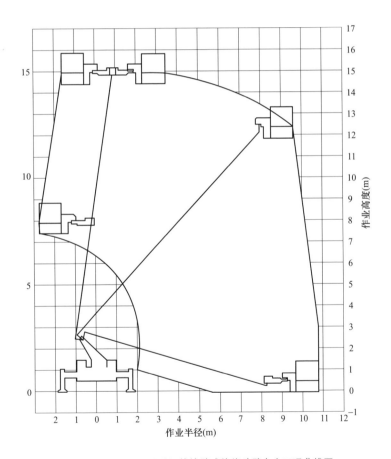

图 4-32　GKJS 15—35kV 伸缩臂式绝缘斗臂车全工况曲线图

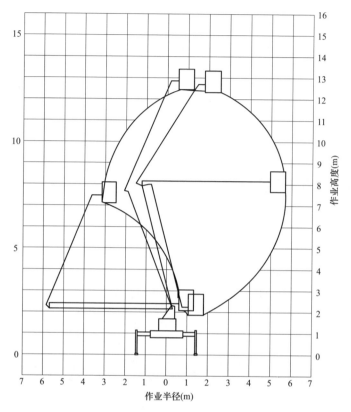

图 4-33 GKJZ 12.5—10kV 折叠臂式绝缘斗臂车的全工况曲线图

注 1. 水平支腿跨距为最大；

2. 作业范围全周相同。

4. 机械试验注意事项

在进行机械试验前，应先将绝缘斗臂车的全部支腿伸出，使车体呈水平状态。

在进行机械试验时，应小心平稳地操作工作臂和斗，禁止冲击移动工作臂和斗。臂和斗应避免与其他物体直接接触，应与物体保持不小于100mm的间距。

第五章

绝缘斗臂车的常见故障分析与处理

绝缘斗臂车由于长时间使用，各运动零件会发生磨损，加上不利作业环境的影响，车辆的动力性、经济性、可靠性会发生下降，严重时会导致车辆不能正常工作，甚至发生危险。当车辆发生故障后，需要通过分析、判断以及采取必要的方法找出故障发生部位及原因，并采取适当措施予以排除。

第一节　故障诊断顺序及技术

一、故障诊断顺序

绝缘斗臂车的故障诊断应遵循由外到内、由易到难、由简单到复杂、由个别到一般的原则进行。诊断顺序如下：查阅资料（绝缘斗臂车使用说明书及运行、维修记录等）并了解故障发生前后绝缘斗臂车的工作情况—外部检查—试车观察—内部系统油路布置检查（参照液压系统图）—仪器检查（压力流量转速和温度等）—分析与判断—拆检与修理—试车与调整—总结与记录。其中，先导阀、溢流阀、过载阀、液压泵及滤油器等为故障率较高的元件，应重点检查。

二、故障诊断技术

（一）简易诊断技术

简易诊断技术又称主观诊断技术，是依靠维修人员的视觉、嗅觉、听觉、触觉以及实践经验，辅以简单的仪器对绝缘斗臂车液压系统、液压元件出现的故障进行诊断。

1. 看

观察绝缘斗臂车液压系统、液压元件的真实情况，一般有六看：

一看速度：观察执行元件（液压缸、液压马达等）运行速度有无变化或异常现象。

二看压力：观察液压系统中各测压点的压力值是否超过额定值或有无波动。

三看油液：观察液压油是否清洁、变质；油量是否充足；油液黏度是否符合要求；油液表面是否有泡沫等。

四看泄漏：看液压管道各接头处、阀块接合处、液压缸端盖处、液压泵和液压马达端处等是否有渗漏或污垢。

五看振动：看液压缸活塞杆及运动机件有无跳动、振动等现象。

六看组件：根据所用液压元件的品牌和质量，判断液压系统的工作状态。

2. 听

用听觉分辨液压系统的各种声响，一般有四听：

一听冲击声：听液压缸换向时冲击声是否过大，液压缸活塞是否撞击缸底或缸盖，换向阀换向是否撞击端盖。

二听噪声：听液压泵和液压系统工作时的噪声是否过大，溢流阀等元件是否有异响。

三听泄漏声：听油路内部是否有细微而连续的泄漏声音。

四听敲击声：听液压泵和液压马达运转时是否有敲击声。

3. 摸

用手抚摸液压元件表面，一般有四摸：

一摸温度：用手抚摸液压泵和液压马达的外壳、液压油箱外壁和阀体表面，若接触2s感觉烫手，一般可认为温度已超过65℃，应查找原因。

二摸振动：用手抚摸运动零部件的外壳、管道或油箱，若有高频振动，应查找原因。

三摸爬行：当执行元件、特别是控制机构的零件低速运动时，用手抚摸运动零件部件的外壳，感觉是否有爬行运动。

四摸松紧程度：用手抚摸开关、紧固件或连接件的松紧可靠程度。

4. 闻

闻液压油是否发臭变质，导线及油液是否有烧焦的气味等。

简易诊断法虽然具有不依赖于液压系统的参数测试、简单易行的优点，但由于个人的感觉、判断能力、实践经验和对故障认知水平的不同，判断结果会存在很大的差异，所以在使用简易诊断法判定故障有困难时，可通过拆检、测试某些液压元件，进一步确定故障原因。

（二）精密诊断技术

精密诊断技术，即客观诊断技术，是指采用检测仪器和电子计算机系统等对绝缘斗臂车液压元件、液压系统进行定量分析，从而找出故障部位和原因。精密诊断技术包括仪器仪表检测法、油液分析法、振动声学法、超声波检测法、计算机诊断专家系统等。

1. 仪器仪表检测法

利用各种仪器仪表测定绝缘斗臂车液压系统、液压元件的各项性能、参数（压力、流量、温度等），将这些数据进行分析、处理，以判断故障位置。

2. 油液分析法

液压油受到污染可导致绝缘斗臂车液压系统发生故障，因而可通过各种分析手段来鉴别液压油中污染物的成分和含量，判断液压油的污染程度，进而诊断绝缘斗臂车液压系统的故障。

3. 振动声学法

通过振动声学仪器对液压系统的振动和噪声进行检测，依据振动声学规律识别液压元件的磨损状况及其技术状态，在此基础上诊断故障的原因、部位、程度、性质和发展趋势等。

4. 超声波检测法

应用超声波技术在液压元件壳体外进行探测，测量其内部的流量值。常用的方法有回波脉冲法和穿透传输法。

5. 计算机诊断专家系统

基于人工智能的计算机诊断系统能模拟专家排除故障的思维方式，运用已有的故障诊断理论知识和专家实践经验，对收集到的故障信息进行推理分析，并作出判断。以微处理器或微型计算机为核心的电子控制系统，具有故障自我诊断功能，工作过程中，控制器能不断地检测和判断各主要组成元件的工作状况。一旦发生异常，控制器通常以故障码的形式指示故障部位，从而可方便准确地进行故障定位。

第二节　液压系统的故障分析与处理

一、液压系统常见故障及注意事项

（一）气蚀和集气

气蚀和集气现象可以损坏泵设备。

1. 气蚀

气蚀产生的原因是当泵开始吸油时液压油没有充满吸油腔，泵内形成真空。气蚀的特征性声音尖锐，这种声音随着气蚀程度和流量的增大而增大。下列情况可能会导致气蚀现象的产生：

（1）泵操作运行过快。

（2）吸滤器堵塞。

（3）液压油黏度（稠度）过高。

（4）阻尼、方向突变或入口软管过长。

（5）泵吸油口过高于出油箱液位。

（6）吸油口的截止阀没有完全打开。

使用中应及时发现泵气蚀迹象，找出原因，及时纠正。如果因为低温液压油黏度过高造成气蚀，在操作车辆之前，应先预热液压油。

2. 集气

当气泡进入液压油内，经液压泵随液压油流动，形成集气。可能导致集气的条件如下：

（1）油箱油位低。这可能导致吸油口开口处出现漩涡，使空气随着液压油被吸入系统内。

（2）油箱和泵之间的吸油油路的连接发生泄漏。

（3）回流油路出口位于油箱油位上方，随着回流油路的油流排放到液压油表面之上，形成湍流。

发生集气时，油箱内的液压油有可能会起泡沫，泵也会出现噪声。如出现空气进入泵的吸入侧的情况，应及时维修。如果泵内有空气循环，继续操作会严重损坏泵。

尽管系统关闭时没有液压油泄漏，吸油油路内仍有可能吸入空气。此时，通常向吸油油路连接件慢慢注入干净的液压油，可以找出泄漏位置。进行该操作时，泵以正常速度运行。随着液压油被吸入，漏气处被液压油封住，泵可能会暂时安静地运行，然后该泄漏消失。

（二）泄漏与密封

1. 泄漏

工作介质通过非工作通道，由高压腔流到低压腔，或由系统内流到系统外的现象称为泄漏。发生泄漏时，由于灰尘会积累在液压油膜表面，会很容易发现微小的泄漏。

泄漏的产生原因有缝隙泄漏、多孔泄漏、粘附泄漏和动力泄漏。发生泄漏将导致系统发热，温升增高，容积效率降低并增加能耗。

泄漏包括内泄漏和外泄漏两种类型。内泄漏影响泵、阀及系统的工作性能；外泄漏造成工作介质的浪费，污染环境，且油液的外泄漏存在火灾隐患。

（1）内泄漏会使受压的液压油漏往油箱或其他液压回路。由于加工公差的原因，大多液压零部件都会发生微量内泄。

内泄漏可导致液压系统产生各种问题。油缸的内泄会导致油缸沉降或故障。回转接头内发生内泄会导致液压系统运行速度降低，或无法产生压力。通常更换泄漏零部件的密封件即可防止内泄。

油缸保持阀出现泄漏会导致油缸沉降或故障。更换零部件内的保持阀即可排除这种故障。但是某些部件损坏需进行大修理才能修复，如油缸体内部划伤。

只有专业人员允许去修复缸体内的划痕。

警告

如果油缸体内部尺寸公差过大，当油缸受压时活塞密封件将会被推出（挤压），这会造成油缸故障。从而造成财产损失或人员伤害。切勿在野外拆卸或维修油缸。此类零部件的拆卸和维修工作必须由专业人员进行。维修和拆卸应在干净且拥有相应配套设施的车间内进行。

（2）外泄漏指液压油泄漏进入液压系统之外的外部环境，接头拧紧不当是导致外部泄漏的主要原因。为防止发生外泄，应将所有液压接头适当拧紧。如果连接件已适度拧紧，仍发生泄漏，应断开连接件，需要对相关零件进行密封，或更换出现泄漏的零件。

磨损零件也会导致泄漏，一旦出现这种情况，必须进行维修或更换新密封件。

当心

（1）液压油进入人体会对身体产生严重的危害。严禁用手或身体其他部位检查液压管路和配件的泄漏情况。

（2）如被泄漏的液压油伤害，应及时就医，否则可能导致不良反应或严重感染。

（3）液压油溢出使工作表面湿滑，可能导致人员打滑或者摔落，所以应保持绝缘斗臂车和工作区域清洁。

2. 密封

由于间隙和压力差是泄漏的必要条件，所以要防止泄漏的产生，就必须要采取各种密封措施以阻止泄漏。

（1）密封装置的要求是：良好的密封性能，摩擦力小、摩擦系数稳定，良好的耐压性能，工作寿命长，安装性能好，经济性好。

（2）密封的形式。

① 按密封偶合面间有无相对运动分：

静密封：密封偶合面间没有相对运动。

动密封：密封偶合面间有相对运动。

② 按密封偶合面间是否接触分：

接触密封：靠密封件在强制压力作用下紧贴在密封面上来达到密封效果的密封形式。

非接触密封：密封面之间处于仅有一层极薄的油膜隔开的摩擦接触状态的密封形式。

（3）密封选择时考虑因素有：工作介质的类型，密封形式，密封件结构形式，工作温度，工作压力，工作环境，元件工作条件，装配工艺，价格因素。

（4）常用密封件。

液压系统中应用最多的是成形填料密封，主要有 O 形密封圈和唇形密封圈等。

常用的 Y 形密封圈都属于唇形密封圈。安装时，唇口必须对着压力高的一侧才能发挥密封作用，因此 Y 形密封圈只能单向起密封作用，在需要双向密封时必须成对使用。

（5）密封件安装时的注意事项。

① 注意密封件的安装有无方向性，不要装反；

② 必要时可涂抹润滑剂，以便于安装；

③ 注意清除沟槽内和周边的金属粉末等异物，还应注意不能残存切削液和防锈油等；

④ 使用清洗液也要注意与密封件材料的相容性，并在清洗后做干燥处理；

⑤ 安装时注意避免损伤密封圈；

⑥ 注意密封圈安装时不要造成扭转和翻滚；

⑦ 复杂密封装置的安装要使用专用的安装工具。

（6）密封件的保管要求。

① 严格避免在高温环境或低温环境中保存密封件，密封件的保存温度不应超过 35℃，也不宜低于 -15℃；

② 不要接触水、油及酸、碱物质，不可受阳光直射，并远离臭氧源和避开放射性；

③ 密封件应以其自然状态存放，严禁堆放、吊放，更不可使密封件受重物压放，也不要用绳索捆绑密封圈，以防止其产生永久变形；

④ 密封件堆放处距地面不得少于 0.3m；

⑤ 密封件一般用于聚乙烯袋包装，要注意时效期限。

（7）密封件的使用。

① 使用密封件时，必须正确地选择密封形式、种类和材料；

② 密封件使用前要认真查验其出厂日期，变形、老化及尺寸是否合格等各方面情况，有问题者不可投入使用；

③ 密封件使用前不要轻易拆封。领用的新密封件在安装前，一定要严格注意其清洁。

（三）发热

液压系统运行时，受压的液压油流入油箱内会产生热量。由于加工公差的存在，大多数液压零部件都会发生微量内泄。此类泄漏将会产生少量的热量，在零部件设计时应已考虑到这方面。

系统大量内泄的原因可能是内部壳体断裂、溢流阀不良或密封泄漏等。此类泄漏会导致大量受压液压油返回至油箱，这会导致液压系统过热。在过热条件下继续操作将会损坏系统的液压油、密封以及 O 形圈。

以下情况会导致系统发热：

① 泵运行速度过快；

② 泵出现磨损损坏；

③ 溢流阀阀芯损坏；

④ 控制阀阀芯被污染；

⑤ 液压油液位低；

⑥ 液压油使用不当；

⑦ 零部件内泄；

⑧ 工具回路的"放空"；

⑨ 溢流阀压力设置太低。

二、液压系统基本元件故障与处理

（一）液压泵

液压泵是液压系统的心脏。如图 5-1 所示。液压系统配有柱塞或者齿轮泵。在诊断液压油故障时，要记住泵本身不产生压力，只产生油流，油流的阻力造成压力。

液压泵及液压系统的常见故障、可能原因及处理方法如表 5-1 所示。

图 5-1　液压泵

表 5-1　　　　　　　　　　液压泵常见故障可能原因与处理方法

常见故障	可 能 原 因	处 理 方 法
泵不传送液体	泵以错误的旋转方向传动	立即联系生产厂商，维修或更换改变传动方向以防止滞塞
	联轴器或者轴断开	分解泵并检查轴和滤筒是否损坏。更换必要的部件
	液压油箱内的油液入口管线被限制	检查所有过滤器和滤油器是否有污垢和淤渣，如有必要，予以清洁
	流体黏度过高以至于不能进行流动	完全泄放系统。加入新的或过滤后的适当黏度的流体
	进气管漏气	检查入口处连接状态以确定吸入空气部位。旋紧所有松动的连接点。查看储液器中的流体是否高于进气管开口
	减压阀阻塞入口（仅限于有整体减压阀的模型）	卸下泵并在干净的溶剂中清洗阀门。将阀门安装回孔中并检查是否有黏性。阀门外围有粗砂感则用砂布磨光。不要去掉多余的材料、不要倒棱角或试图磨光孔。清洗所有零件并重新安装泵
	叶片阻塞在转子线槽内	拆卸泵。检查是否有尘土堆积或金属部件切削痕迹。更换所有损坏零件。如果有必要，冲洗系统并重新添加清洁流体

续表

常见故障	可能原因	处理方法
压力增加不足	系统减压阀设定值过低	使用压力计正确调整阀门
泵发出噪声	泵进气口被部分堵塞	维修进气口过滤器。检查流体状态，如果有必要泄放并冲洗系统。重新添加清洁流体
	进气口或轴密封件处漏气（储油罐中的油很可能起泡沫）	检查入口的接头以及密封件以确定吸入空气部位。拧紧所有松动的接头，如果有必要则更换密封件。查看储油罐中的液体是否高于进气口管道开口
	泵传动速度过慢或过快	以推荐速度运行泵
	联轴器位置不准	检查轴密封轴承或其他部件是否损坏。更换任何有故障的部件

（二）液压阀

液压阀的作用有很多种，通常设计用于控制液压系统里的流向、流量和压力。

描述液压阀的时候，"位"是表示阀芯工作位置的数量。两位闭锁阀用于两个工作位置，即打开和关闭。

"通"表示在一个阀块上所拥有的所有接口数量。四通阀拥有四个接口。一个用于压力连接，一个用于回流油路连接，另外两个为工作接口。

下面介绍一些常见的液压阀。

1. 溢流阀

在系统中，溢流阀又称压力安全阀，维护系统压力在设定的安全压力范围内，起溢流稳定作用。

（1）直动式溢流阀。按阀芯的结构，直动式溢流阀有座阀和滑阀两种形式。座阀结构又有球阀和锥阀两种。直动式溢流阀中，作用在阀芯上的液压力直接与弹簧力相平衡，所以调节弹簧的预紧力便可以控制液压系统的压力。

（2）先导式溢流阀。先导式溢流阀由先导阀和主阀组成。它的特点是利用主阀芯两侧的压力差来移动主阀芯，使压力油从开启的溢油腔流回油箱。当系统压力较低时，锥阀不能打开，主阀芯两端的压力相等，主阀芯不动作，溢流阀腔被关闭；当系统压力大于先导调压阀弹簧力时，锥阀打开，压力油经过锥阀后，通过阀芯体内的小孔流向溢流腔。在阻尼孔的作用下，主阀芯两侧在短时间内产生压力差，使得主阀芯被向上推动，进油腔与溢流腔连通，油液流回油箱，实现溢流作用。

2. 方向控制阀

方向控制阀是用来控制液压系统中油液流动方向的阀，如单向阀、梭阀、换向阀。单向阀的作用是只许液压油流向一个方向而不能反向流动；梭阀通过改变进油油路，但仍向同一油口供油。

下面重点对换向阀进行介绍。换向阀的作用是组成换向回路以改变系统的液流方向，使执行机构的运动换向，从阀芯与阀体相对运动的方式看，可分为转阀式和滑阀式两种。

图 5-2　转阀

（1）转阀。转阀是最简单的换向阀，结构简单、紧凑，但密封性差，适用于低压小流量系统中。如图 5-2 所示。

（2）滑阀。按滑阀动作的控制方式分为以下几种：

① 手动换向阀。在换向阀的阀体上有几个不同的油口。换向阀阀芯的位置的改变可以控制液压油的流动方向，实现换向的目的。手动换向阀有弹簧对中自动复位式和钢珠弹定式两种。如图 5-3 所示。

图 5-3　手动换向阀

②电磁换向阀。电磁换向阀是利用电磁铁推动阀芯移动来控制油流的方向，是液压控制系统的重要元件，按照电磁铁内部是否有油侵入，分为干式和湿式两种。

③电液换向阀。电液换向阀由电磁阀与液控阀两部分组成。电磁阀起先导作用，可以改变控制液流的流向，以改变液动滑阀的阀芯位置，实现控制油路的换向。由于电液换向阀既能实现换向的缓冲（换向时间可调），又能以较小的电磁体来控制较大流量的液流换向，所以适用于高压大流量的液压系统中。

换向阀的主要故障现象是滑阀不能动作，造成动作错乱或操作失控。换向阀的故障原因和处理方法如表5-2所示。

表 5-2　　　　　　　　　　　换向阀故障原因与处理方法

故障原因	处理方法
滑阀被杂质卡死	清洗阀腔、滑腔
阀体变形引起滑阀卡死	阀体安装螺栓过紧或安装扭力不均匀，要重新安装
复位弹簧损坏	更换弹簧
电磁线圈损坏	更换电磁线圈

3. 流量控制阀

流量控制阀通过控制系统中液压油的流量，控制执行元件的速度。常见的流量阀可分为节流阀、调速阀、分流阀等，如图5-4所示。

图 5-4　流量控制阀

流量控制阀的常见故障与处理方法见表5-3所示。

表 5-3　　　　　　　　　　　　流量控制阀常见故障与处理方法

故障	可能原因		处理方法
调整节流阀手柄无流量变化	压力补偿阀不动作,阀芯在关闭位置上卡死	阀芯与阀套几何精度差,间隙太小	检查精度,修配间隙达到要求,移动灵活
		弹簧侧向弯曲、变形而使阀芯卡住	更换弹簧
		弹簧太弱	更换弹簧
	节流阀故障	油液过脏,使节流口堵死	检查油质,过滤油液
		手柄与节流阀芯装配位置不合适	检查原因,重新装配
		节流阀阀芯上连接失落或未装键	更换键或补装键
		节流阀阀芯因配合间隙过小或变形而卡死	清洗,修配间隙或更换零件
		调节杆螺纹被赃物堵住,造成调节不良	拆开清洗
	系统未供油,换向阀阀芯未换向		检查原因并消除

4. 液压锁

液压锁又称双向液控单向阀,安装在垂直支腿油缸、下臂油缸、上臂油缸等处,起到闭锁油缸内油液回路,防止油缸自动伸缩的作用。如图 5-5 所示。

图 5-5　液压锁

液压锁的常见故障与处理方法如表 5-4 所示。

表 5-4 液压锁常见故障与处理方法

常见故障	处理方法
端盖螺母处渗漏	可卸下螺母后用生料缠绕或涂抹密封胶使之密封
液压锁失灵	单向阀与阀座密封不良，产生泄漏，此时应该及时的更换液压锁
	单向阀在阀体内被杂质卡死而不能左右滑动，导致液压锁锁不住，应该及时清洗液压锁
	弹簧损坏，单向阀不能复位或不能密封闭合，应更换弹簧

（三）液压油缸和液压马达

1. 液压油缸

液压油缸以直线往复运动将液压能转换变为机械能，如图 5-6 所示。

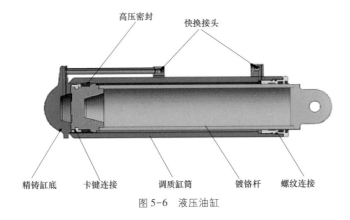

图 5-6 液压油缸

（1）油缸的种类。根据油缸结构特点的不同，可分为活塞式、柱塞式、摆动式三类。

（2）油缸内密封件安装注意事项。

① 安装时，筒体口可涂抹润滑油。

② 安装时，活塞的密封件应轻缓的压入筒体内，当密封件压至筒体上第一个油口时，从油口外侧用"一"字螺钉旋具压露出密封件，并推活塞进入筒体，防止密封件破损。

③ 油缸内的各种部件不得漏装。在将活塞装入之前，应进行安装前的检查（尤其是卡簧或固定螺母与开口销）。

（3）油缸拆卸注意事项。

① 拆油缸时，车辆应熄火。

② 如拆卸上臂油缸，最好将工作臂回转至驾驶室的后方，以免在拆卸中损

坏驾驶室与挡风玻璃等。

③ 在拆卸油缸之前，先将油缸上的液压锁卸下或拧松油缸回油口上的螺钉，使油缸轴不受拉力或压力。

④ 安装下臂油缸时，可参照下述工艺进行：下臂可靠收回此时下臂油缸的活塞杆应有 6mm 左右的行程余量可以收缩，保持一定的预紧力。油缸活塞的行程余量不足 6mm 时，应调整油缸"丁"字接头。调整后的"丁"字接头的螺纹旋合长度应大于或等于螺纹的公称直径。

（4）油缸常见故障、可能原因与处理方法如表 5-5 所示。

表 5-5　　　　　　　　　油缸常见故障、可能原因与处理方法

常见故障	可能原因	处理方法
油缸的活塞杆自动伸缩	活塞上的密封件密封不良引起内泄	更换密封件
	筒体内壁粗糙刮伤活塞上的密封件	更换油缸
	其他原因（液压锁）	更换液压锁
油缸轴向漏油	油缸导向套上的密封圈损坏	更换密封圈
油缸体渗漏	缸体砂眼引起漏油	较小时可用补焊处理，沙眼较大时需要更换油缸
进回油口接头漏油	螺钉松动	紧固螺钉
	密封件损坏、老化	更换密封件

2. 液压马达

液压马达是以旋转运动的方式，将液压能转换为机械能的液压元件，如图 5-7 所示。

图 5-7　液压马达

液压马达常见故障、可能原因与处理方法如表 5-6 所示。

表 5-6　　　　　　　　　液压马达常见故障、可能原因与处理方法

常见故障	可 能 原 因		处 理 方 法
液压马达泄漏	内部泄漏	配油盘磨损严重	检查配油盘接触面，并加以修复
		轴向间隙过大	检查并将轴向间隙调至规定范围
		配油盘与缸体断面磨损，轴向间隙过大	修磨缸体及配油盘端面
		弹簧疲劳	更换弹簧
		柱塞与缸体磨损严重	研磨缸体孔、重配柱塞
	外部泄漏	油端密封，磨损	更换密封圈并查明磨损原因
		盖板处的密封圈损坏	更换密封圈
		结合面有污物或螺栓未拧紧	检查、清除并拧紧螺栓
		管接头密封不严	拧紧管接头
液压马达有噪声	密封不严，有空气侵入内部		检查有关部位的密封，紧固各连接处
	液压油被污染，有气泡混入		更换清洁的液压油
	联轴器不同心		校正同心
	液压油黏度过大		更换黏度较小的油液
	液压马达的径向尺寸严重磨损		修磨缸径，重配柱塞
	叶片已磨损		尽可能修复或更换
	叶片与定子接触不良，有冲击现象		进行修整
	定子磨损		进行修复或更换。如因弹簧过硬造成磨损加剧，则应更换刚度较小的弹簧
马达转速转矩小	液压泵供油量不足	电动机转速不够	找出原因，进行调整
		吸油过滤器滤网堵塞	清洗或更换滤芯
		油箱中油量不足或吸油管径过小造成吸油困难	加足油量、适当加大管径，使吸油通畅
		密封不严，不泄漏，空气侵入内部	拧紧有关接头，防止泄漏或空气侵入
		油的黏度过大	选择黏度小的油液
		液压泵轴向及径向间隙过大、内泄增大	适当修复液压泵

续表

常见故障	可能原因		处理方法
马达转速转矩小	液压泵输出油压不足	液压泵效率太低	检查液压泵故障，并加以排除
		溢流阀调整压力不足或发生故障	检查溢流阀故障，排除后重新调高压力
		油管阻力过大（管道过长或过细）	更换孔径较大的管道或尽量减少长度
		油的黏度较小，内部泄漏较大	检查内泄漏部位的密封情况，更换油液或密封
	液压马达泄漏	液压马达结合面没有拧紧或密封不好，有泄漏	拧紧结合面检查密封情况或更换密封件
		液压马达内部零件磨损，泄漏严重	检查其损伤部位，并磨损或更换零件

（四）液压油箱

液压油箱用于冷却和储存系统里的油液，并保证液压油全部流向泵。几种液压油箱如图5-8所示。因为活塞杆占据油缸部分空间，所以当油缸回缩时箱里的油液液面会升高。

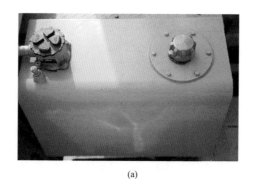

(a)

图5-8　几种液压油箱（一）

（a）液压油箱类型一

(b)

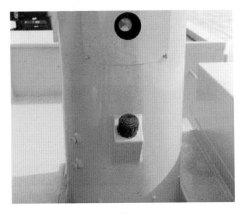

(c)

图 5-8 几种液压油箱（二）

（b）液压油箱类型二；（c）液压油箱类型三

液压油箱常见故障、可能原因与处理方法如表 5-7 所示。

表 5-7 液压油箱常见故障、可能原因与处理方法

常见故障	可 能 原 因	处 理 方 法
液压油液过热	系统压力设置过高或者过低	安装压力计并调整至正确压力
	油液黏度不达标	更换具有适当黏度的油液
	液压油箱未获得足够的空气	将所有松脱或者多余杂物从油箱处取出

续表

常见故障	可能原因	处理方法
液压油箱油压低	系统存在泄漏	拧紧泄漏的接头或者更换有缺陷的部件
	泵未以适当的速度运行。如果压力随泵转速升高而降低，则表明泵效率降低	维修或者更换
	过载	减轻至额定负载
	补偿器设置过低	调整补偿器

（五）液压管路及其配件

液压管路是液压系统中液压油输送流动的管道线路，如图 5-9 所示。所有管道和连接处都必须密封，以防止液体流失。

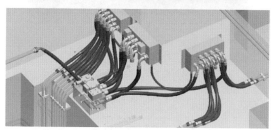

图 5-9　液压管路

根据预防性维护和检修的原则，检查所有软管是否存在磨损或变形损坏。确认铺设路线避开周围锐边，没有扭结和变形。

大多数软管都有产品信息，例如制造商名称、制造商零件号、SAE 等级（油品的黏度等级）、工作压力、爆破压力、绝缘外部显示绝缘等级（绝缘管）。所有经过臂架结构件进行铺设的软管都是无细孔绝缘的热塑软管，更换时应采用同类型软管。

在采用不同直径的软管或油路进行更换之前，应考虑对液压系统造成的影响。如果软管尺寸超出双倍，则在同样的压力下液压油流量将达到四倍。如果软管尺寸降低，则回路内的流量会降低，而背压会增加。背压增加会使系统产生热量。所以，更换软管时，最好使用同尺寸和长度的软管。

伸缩臂式的绝缘斗臂车通常设有软管束，软管束将液压油从伸缩臂送入臂端。在伸缩臂的底端，软管束安装时穿过软管拖链。在伸缩臂臂端，软管与工作斗的软管束连接。软管拖链示意图如图5-10所示。

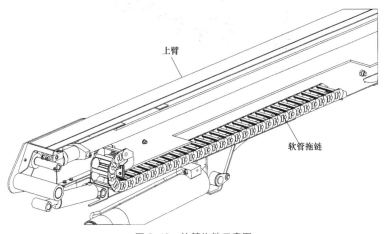

图5-10　软管拖链示意图

危险

（1）禁止使用非绝缘软管。

（2）禁止在伸缩臂内或控制软管束上采用金属编织软管。

警告

禁止握住受压的软管或油路。断开油路或接头之前释放液压回路内的所有压力。

使用插塞或盖子密封打开的端口和管路，防止污染、损坏密封表面和接头螺纹。

当伸缩臂伸缩，有一个软管拖链引导液压软管的移动。软管拖链位于上臂通道内，引至上臂的底端。当伸缩臂被拉出后，软管拖链随着伸缩臂一起取出，可以轻松触及软管和进行更换。

（六）应急泵

应急泵是用于绝缘斗臂车应急回收的第二套动力系统，如图 5-11 所示。

图 5-11　应急泵

应急泵常见故障、可能原因与处理方法如表 5-8 所示。

表 5-8　　　　　　　应急泵常见故障、可能原因与处理方法

常见故障	可 能 原 因	处 理 方 法
应急泵不工作	未按操作顺序操作应急泵控制开关	按照操作手册要求的顺序操作应急泵控制开关
	应急泵控制开关损坏	更换应急泵控制开关
	PLC 损坏	更换 PLC
	应急泵损坏	更换应急泵

第三节　机械系统的故障分析与处理

一、机械系统常见故障及维修注意事项

机械系统由适当布局的机械零部件构成，确保零部件、液压或电气执行机构的运动能够带动另一个零部件，如臂架、支腿及液压工具等。下面分别以美系全液压控制型车辆和日系电液比例控制型车辆的常见故障进行分析。

（一）美系全液压控制型车辆机械系统常见故障

1. 运动功能停止工作

此类故障通常包括所有运动功能停止工作，单一运动功能如臂架不动作、支腿不动作或液压工具不动作，发生的原因可能为 PTO 取力器未正确连接、操

作电源开关未接通、闭锁发生作用、操作手柄未正确操作到位或者液压回路发生问题。

2. 运动功能动作缓慢

此类故障通常包括臂架动作缓慢、支腿动作缓慢、液压工具动作缓慢和吊臂动作缓慢，发生的原因可能为液压阀发生故障或液压回路压力不当。

3. 臂架动作不圆滑

此类故障包括臂架动作不能圆滑过渡或停止动作时摆动过大，发生的原因可能为液压缸内有空气或限速阀调整不当。

4. 负载时不能动作

此类故障通常包括负载时臂架和支腿支撑不住以及液压工具和吊臂负载时不动作，发生的原因可能为油缸发生泄漏、液压阀受到污染或故障或者液压工具压力信号设置过低。

（二）日系电液比例控制型车辆机械系统常见故障

1. 运动功能停止工作

此类故障通常包括所有运动功能停止工作，臂架不动作或支腿不动作，发生的原因可能为操作电源开关未接通、电瓶电量不足、闭锁发生作用、操作手柄未正确操作到位。

2. 工作斗倾斜

在进行升降、伸缩操作时，工作斗发生倾斜。故障原因可能是平衡切换阀的切换操纵杆未完全被推压复位。

3. 发动机停止工作

操作工作臂时，发动机停止，工作臂无法操作。当操作幅度过猛或者工作臂位于作业前检查工作范围外时如接通作业开始前检查开关，会发生此类故障。

4. 工作臂无法自动回收

接通工作臂自动收回开关，工作臂不动作。这是由于工作臂的回转位置在收回位置附近或升降角度在15°以下，此时无法进行自动收回操作。

（三）机械系统故障处理注意事项

当对机械系统进行维护与处理的时候，应注意以下事项：

（1）选择足够大的工作场所，将绝缘斗臂车放置水平表面，拉起停车制动并用轮挡锁住车轮。检查液压油位，闭合取力器，妥当设置支腿。

（2）松开重型零部件的紧固之前，使用起吊装置安全支撑该零部件。

（3）禁止松开或拆除受压的液压软管或接头。断开所有液压软管接头之前，首先标记，以便后续安装。在软管下方放置容器以便接住排出的液压油，并立即用盖子或塞子封住所有处于打开状态的端口。

（4）连接液压油路之后，操作系统5~6次，以排出系统内的空气，并检查是否存在液压油泄漏。

（5）更换主要零部件之后，须进行结构测试。液压油缸、连接销、回转支撑以及调平系统等零部件均须在完成安装之后进行测试。

（6）安装任何可能影响绝缘性能的零部件之后，都应该进行绝缘测试，测试合格后方可使用。

（7）当拆除检修盖对车辆进行维修时，应当小心操作。移动部件可能会出现易夹点和剪切点，故完成维修之后，应马上放好检修盖。

二、机械系统故障检查与处理

（一）美系全液压控制型车辆机械系统故障检查与处理

美系全液压控制型车辆机械系统常见故障、可能原因与处理方法见表5-9。

表5-9　美系全液压控制型车辆机械系统常见故障、可能原因与处理方法

常见故障	可 能 原 因	处 理 方 法
所有运动功能停止工作	PTO取力器未连接	检查PTO，若未连接，应正确连接
	液压泵的旋向与PTO的旋向不匹配	检查液压泵与PTO的旋向是否匹配
	液压油未到达液压泵	打开吸油管路的截止阀
		加注液压油至油箱的适当油位
		检查堵塞不畅、断裂的吸油管路，必要时修理或更换
	液压泵发生故障，系统未产生压力	修复或更换液压泵
上装操作时，臂架不动作	控制选择阀位于下控制位置	控制手柄扳到上部控制位置
	控制选择阀未正确操作到位	检查上部/下部控制选择阀的状况，发生缺陷进行处理
	支腿没有恰当支撑，臂架被闭锁	正确支撑支腿使所有支腿感应器须起作用，避免发生臂架闭锁
	部分车型工作臂位置越限，触发闭锁	解除闭锁装置，操作工作臂从越限位置返回

续表

常见故障	可　能　原　因	处　理　方　法
上装操作时，臂架不动作	系统压力过低	调节系统压力达到主压力设置，如系统压力已达到设置值：1）检查控制管路有无渗漏、扭结或断裂，必要时修理或替换；2）检查主控制阀有无冻结或粘连；3）检查上控制阀是否失灵
		如系统压力达不到设定值，修复或更换液压泵
	上装控制的先导压力过低	检查上装控制先导压力，如压力过低，调至所需压力值
	先导系统的流量控制阀过脏或是损坏	检查先导系统的流量控制阀是否有污物或损坏，进行清理或更换
	控制回路堵塞	检查上装控制回路有无堵塞或反馈压力过大
	截流阀过脏或是损坏	卸下截流阀芯，检查内部滑阀是否滑动自如，如果粘结，可能有污物或回位弹簧断裂，应清洁或更换阀芯
	油缸内泄	检查油缸是否有内泄，如有内泄，拆检油缸查看密封件或缸筒是否损伤
	空气进入液压管路	清除管内所有空气
支腿操作不动作	工作臂未收回到工作臂托架上，支腿被闭锁	将工作臂全部复位至托架上
	支腿滑块是否卡住支腿	对支腿滑块进行润滑或维修
	支腿阀芯卡滞	必要时润滑或替换
	液压油路堵塞或泄漏	除去堵塞物或替换管路
	支腿控制线路断开	检查支腿控制电路进行维修
液压工具不动作	液压工具阀未打开	打开液压工具阀
	液压工具被关闭	打开下部或上部液压工具回路
	闭锁阀不动作或有故障	拆卸闭锁阀并盖上工具控制阀的先导控制端油路，检查闭锁阀是否有故障，若有及时进行维修

常见故障	可能原因	处理方法
臂架动作缓慢	下部控制阀芯没有完全位移	必要时润滑或更换
		上部组合手柄推动位移较小
		确保下部控制阀手柄不碰到转台罩壳、油管等
	发动机转速设置过低	调整发动机转速
	下部控制阀阀芯调节到中位不正确	正确调节阀芯到中位
	泵的流速低	检查泵,如果有缺陷应更换
	压力管路上有节流物	通过接触,节流物区域要比系统其余部分热,此时需移去节流物
	油箱截止阀没有完全打开	确保截止阀完全打开,必要时替换截止阀
支腿动作缓慢	支腿操作手柄操作不到位	检查操作手柄,若有结构发生卡涩,及时处理
	压力管路上有节流物	通过接触,节流物区域要比系统其余部分热,此时需移去节流物
	油箱截止阀没有完全打开	确保截止阀完全打开,必要时替换截止阀
臂架伸缩动作不能圆滑过度和停止时摆动过大	缸筒内有空气	按维修方法排除空气
	限速阀调整不当	重新调整限速阀
工具、小吊臂、绞车运行缓慢或负载时不动作	液压工具压力信号不产生	替换减压阀工具信号压力管
	液压工具压力设置过低	调节减压阀工具压力
	发动机节流调速不工作	调节或替换发动机节流控制器
负载时支腿支撑不住	支腿单向阀受到污染	采用溶剂清洗单向阀,并用压缩空气吹干
	单向阀有故障	更换单向阀
	支腿油缸内泄漏	更换油缸密封件
负载时臂架油缸支撑不住	平衡阀受到污染	更换平衡阀
	下臂油缸有内泄漏	更换油缸密封件

（二）日系电液比例控制型车辆机械系统故障检查与处理

日系电液比例控制型车辆机械系统常见故障、可能原因与处理方法见表 5-10。

表 5-10　　　　　日系电液比例控制型车辆机械系统常见故障、
可能原因与处理方法

常见故障	可能原因	处理方法
上装控制不动作	操作电源开关未接通	接通开关
	动作停止开关接通	解除动作停止开关
	自动切断功能起作用，动力被切断	将上部操作电源开关置于"关"3s以上，再重新置于"开"的位置
	电瓶电量不足	用电瓶检查开关确认是否充电不足，若电量不足无法工作时，用备用电源开关收回
	4个垂直支腿接地不牢靠	操作支腿使其可靠接地
支腿操作不动作	工作臂位置未在托架上	工作臂全部缩回且置于工作臂托架上
	动作开关接通停止	解除支腿动作开关
	确认四个垂直支腿是否接地	操作支腿使支腿接地
上部操作装置进行升降、伸缩操作时，工作斗倾斜	平衡切换阀的切换操纵杆未完全被推压复位	平衡切换阀的切换操纵杆推压复位
	液压油温过低时，工作斗的平衡装置可能不能正常工作	在作业前用下部操作装置进行预热运转（工作臂操作及工作斗倾斜调整操作），使液压油温热后再进行作业
发动机停止	操作幅度过猛，造成熄火	再次起动发动机，进行常规操作，注意动作轻缓，避免大幅晃动
	工作臂位于作业前检查工作范围外时如接通作业开始前检查开关，发动机停止但并非异常	接通指示器切换开关，使指示器复原为初画面后，通过驾驶室内钥匙开关再次起动发动机，注意进行作业前检查时，回收工作臂（作业前检查状态）再接通作业前检查开关

第四节 电气系统的故障分析与处理

一、电气系统常见故障及注意事项

短路、开路或零部件故障等都会导致电气系统操作异常。

（一）短路

当导体和地面出现较低电阻接触时，电流会从正常路径流经更低电阻的零部件，发生短路。短路造成的高电流通常会中断一个或多个断路器或保险丝。

通常发生短路的原因包括电线被夹紧、绝缘损坏、松脱连接件接地或存在有缺陷的零部件。

为了确认短路位置，首先分析断开的断路器或保险丝位置和此时有什么设备正在进行。

有必要通过断开一些电路来逐步找出短路点，直到短路现象消失为止。关闭电源，用欧姆计检查在正常操作期间承受电压的连接件和终端电阻，可以查出短路位置。如果发现地面和这些位置之间没有任何电阻，则表示发生短路。每次检查应该从靠近电源的地方开始。

（二）开路

开路会阻止电流正常流入电气系统的零部件。开路时会出现无限高的电阻，从而导致零电流。开路的原因通常是电线脱离连接件、电线损坏、腐蚀或电气零部件与车辆的接地不良等。

发生开路后，应从不工作的元器件附近开始检查。从零部件布线开始追踪，查看是否存在断开的连接件、腐蚀或其他肉眼可看到的电缆或电线损坏情况。如果零部件与车辆结构件接地，应确认接地连接状态良好。如果布线没有问题且接地良好，断开零部件引线，用兆欧表测量零部件的电阻。如果电阻非常高或无限高，则表明存在开路。

（三）零部件故障

零部件的故障较难确认，有可能是开路、短路或零部件无法发挥设计功能。应判定哪些功能受到影响，哪些系统零部件可能是问题所在。如果不能确认开路或短路问题，并且已对零部件施加了合适的电压，则表示问题可能出现在液压或机械方面，而不是电气方面。

二、电气系统故障检查与处理

（一）外伸支腿报警系统

每个外伸支腿控制系统上设计有开关，开关被接在一起与警报相连。当外伸支腿降低或上升的时候会触发外伸支腿报警系统，发出警报。报警蜂鸣器如图 5-12 所示。

为了安全原因，外伸支腿报警随时都应运行。如果报警不出声音，检查一下微动开关或报警是否有接触不良，并检查相应电路的保险丝是否完好。

图 5-12　报警蜂鸣器

（二）支腿互锁系统（电控系统）

支腿互锁系统发生故障时，检查如下：

（1）如果主液压系统检修合格而不运行，问题可能是限制开关故障或者连接松动。

（2）检查从每一个限制开关到互锁电磁阀的所有线路是否连接松动。

（3）落下所有支腿，脱开 PTO 并关掉发动机。检查测试电路中的每一个限制开关的连续性。如果限制开关不存在连续性，说明限制开关处发生故障。

（三）电气滑环的清洗

如果车辆上配有直流泵或发动机启动/停止功能，各个电气回路都可以借助滑环穿过回转中心。

绝缘斗臂车上的电气滑环通常是通过四个螺栓安装到回转接头顶部，并用螺丝插入金属间隔管进行支撑，如图 5-13 所示。

在必要情况下，可拆出滑环内的刷子进行清洁，不需要实施其他维护。一般回转接头的孔相对够大，电线足以穿过。在移动滑环的过程中，禁止切除任何电线。

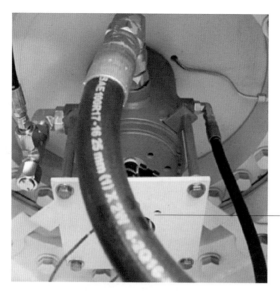

图 5-13　电气滑环

（四）其他常见电气系统故障与处理

绝缘斗臂车其他常见电气系统故障、可能原因与处理方法如表 5-11 所示。

表 5-11　　　　　　其他常见电气系统故障、可能原因与处理方法

常 见 故 障	可 能 原 因	处 理 方 法
操作电脑屏不显示	显示屏损坏	更换显示屏
电控操作系统　指示灯不亮	PLC 开关没打开	打开 PLC 开关
	电控操纵控制盒损坏	更换控制盒
示廓灯不正常	灯泡损坏	更换灯泡
	接插件接触不良	更换接插件
	电线损坏	更换电线
作业灯不亮	电源开关没打开	打开电源开关
	点烟器或取电插头损坏	检查取电接头是否有电，如没电需要更换插头
	作业灯损坏	更换作业灯

续表

常见故障	可能原因	处理方法
日系直臂式车辆一接通上部操作电源蜂鸣器就会响	回收时防止忘记切断电源用蜂鸣器，在工作臂收回状态下如电源开关接通状态蜂鸣器会响	进行升降操作，将工作臂从工作臂托架提起时会停止响
日系车辆上部、下部操作装置的负荷率指示灯、动作停止指示灯全部闪烁，工作臂无法动作	超载防止装置发生故障	操作应急开关，收回工作臂
日系车辆在上装接通操作电源开关，蜂鸣器就会响	回收时防止忘记切断电源用蜂鸣器，在工作臂回收状态下如电源开关接通状态蜂鸣器会响	进行升降操作，将工作臂从工作臂托架提起会停止响

附录A　日常检查保养表

日常检查保养表

检查时间：　　　　　　　　　　　　　　　　　检查人：

检 查 项 目		检 查 结 果
底盘	轮胎外观	
	轮胎气压	
	车轮螺母	
	底盘弹簧	
	蓄电池电解液	
	液体泄漏	
	方向盘	
	离合器	
	制动踏板	
	驻车制动杆	
	仪表及指示灯	
	挡风玻璃刮水器	
	机油油位	
	风扇皮带松紧程度	
	发动机冷却液	
	发动机启动声音	
上装部分	试验合格	
	液压油缸渗油及漏油	
	安装销轴渗油及漏油	
	平衡阀渗油及漏油	
	液压操作阀渗油及漏油	
	液压马达渗油及漏油	
	液压软管渗油及漏油	
	液压钢管渗油及漏油	
	液压接头渗油及漏油	

续表

检　查　项　目		检　查　结　果
上装部分	绝缘部件外观	
	绝缘外斗底板	
	绝缘臂脏污	
	支腿渗油及漏油	
	支腿油缸销轴和挡圈	
	支腿滑块	
	支腿互锁功能	
	空斗试验液压回转功能	
	空斗试验升降功能	
	空斗试验伸缩功能	

附录 B 每 周 检 查 保 养 表

每 周 检 查 保 养 表

检查时间： 检查人：

检 查 项 目		检 查 结 果
转折处焊缝裂纹、锈蚀或变形情况	工作臂举升油缸安装座	
	回转支承安装座焊接区	
	底盘固定盘焊接区	
	工作臂连接处	
	工作斗安装支架	
上装紧固件移位情况	绞盘安装螺栓	
	臂端连接螺栓	
	工作斗安装螺栓	
	辅臂连接螺栓	
	臂连接螺栓	
	所有销轴固定螺栓	
	旋转齿轮箱安装螺栓	
	旋转齿轮安装螺栓	
	旋转马达安装螺栓	
铰轴点销轴移位情况		
液压油标高		
通风过滤装置		
吊绳		
选择开关		
液压缸闭锁功能		
工作斗外观		

附 录 C 试 验 报 告 样 式

中国电力科学研究院

电力工业电气设备质量检验测试中心

试 验 报 告

（2013）检字 SDD048 号

一、委托单位

××供电公司

二、试样说明

名　称：带电作业用绝缘斗臂车　　　　额定电压：10kV

制造厂：见附录 C-2　　　　　　　　　　型号规格：见附录 C-2

数　量：×辆

三、依据标准

GB/T 9465—2008《高空作业车》

四、试验类型

委托试验

五、试验日期

六、试验结果

根据 GB/T 9465—2008 标准要求，对××供电公司委托的 10kV 带电作业用绝缘斗臂车进行了绝缘臂、绝缘平台部件电气试验和整车绝缘电气试验，所试验的项目合格。

试　　验：_____

校　　核：_____

审　　核：_____

批　　准：_____

日　　期：_____

七、试验项目及结果

1. 绝缘臂、绝缘平台部件电气试验

1.1 1min交流耐压试验

$t=32.0℃$ $RH=53\%$ $P=100.0kPa$ $K_d=0.95$

试品编号	检测项目	试验距离（m）	试验电压（kV）		评价
			标准值	试验值	
13SDD048-1	绝缘上臂工频耐压试验	0.4	45.0	46.5	符合要求
	绝缘内斗沿面工频耐压试验	0.4	45.0	45.3	符合要求
	绝缘内斗层向工频耐压试验	—	45.0	46.2	符合要求
13SDD048-2	绝缘上臂工频耐压试验	0.4	45.0	47.0	符合要求
	绝缘内斗A沿面工频耐压试验	0.4	45.0	47.0	符合要求
	绝缘内斗A层向工频耐压试验	—	45.0	45.1	符合要求
	绝缘内斗B沿面工频耐压试验	0.4	45.0	47.0	符合要求
	绝缘内斗B层向工频耐压试验	—	45.0	45.5	符合要求

1.2 交流泄漏试验

$t=32.0℃$ $RH=53\%$ $P=100.0kPa$ $K_d=0.95$

试品编号	检测项目	试验距离（m）	试验电压（kV）	泄漏电流（μA）		评价
				标准值	试验值	
13SDD048-1	绝缘上臂交流泄漏电流试验	1.0	22.0	≤200	11	符合要求
	绝缘内斗沿面交流泄漏电流试验	0.4	21.1	≤200	50	符合要求
13SDD048-2	绝缘上臂交流泄漏电流试验	1.0	21.5	≤200	18	符合要求
	绝缘内斗A沿面交流泄漏电流试验	0.4	22.0	≤200	38	符合要求
	绝缘内斗B沿面交流泄漏电流试验	0.4	22.0	≤200	41	符合要求

2. 整车绝缘电气试验

2.1 1min交流耐压试验

$t = 32.0℃$ $RH = 53\%$ $P = 100.0 kPa$ $K_d = 0.95$

试品编号	检测项目	试验距离（m）	试验电压（kV）		评价
			标准值	试验值	
13SDD048-1	整车工频耐压试验	1.0	45.0	47.0	符合要求
13SDD048-2	整车工频耐压试验	1.0	45.0	45.6	符合要求
	绝缘下臂工频耐压试验	—	45.0	46.3	符合要求

2.2 交流泄漏试验

$t = 32.0℃$ $RH = 53\%$ $P = 100.0 kPa$ $K_d = 0.95$

试品编号	检测项目	试验距离（m）	试验电压（kV）	泄漏电流（μA）		评价
				标准值	试验值	
13SDD048-1	整车交流泄漏电流试验	1.0	22.0	≤500	80	符合要求
13SDD048-2	整车交流泄漏电流试验	1.0	21.5	≤500	375	符合要求

附录 C-1 主要试验仪器设备

序号	仪器设备名称 型号/规格	设备编号	测量范围	不确定度/ 准确度	检定/校准机构	有效日期
1						
2						
3						

附录 C-2 试品说明

试品编号	型号	技术规格	编号	制造厂

附录 C-3 斗臂车铭牌

1. 试品编号：13SDD048-1

2. 试品编号：13SDD048-2